中学生素质教育读本

让你更快乐
RANG NI GENG KUAILE

林山 主编

北方妇女儿童出版社

U0675112

版权所有 侵权必究

图书在版编目（CIP）数据

让你更快乐 / 林山主编 . -- 长春 : 北方妇女儿童
出版社，2018.5
　（中学生素质教育读本）
　ISBN 978-7-5585-0676-5

　Ⅰ . ①让… Ⅱ . ①林… Ⅲ . ①快乐－青少年读物
Ⅳ . ① B842.6-49

中国版本图书馆 CIP 数据核字（2016）第 311411 号

出 版 人	刘　刚	
策　　划	师晓晖	
责任编辑	张　力	
封面设计	五车科技	
开　　本	787mm×1092mm　　1/16	
印　　张	14.75	
字　　数	234 千字	
印　　刷	永清县晔盛亚胶印有限公司	
版　　次	2018 年 5 月第 1 版	
印　　次	2018 年 5 月第 1 次印刷	
出　　版	北方妇女儿童出版社	
发　　行	北方妇女儿童出版社	
地　　址	长春市人民大街 4646 号	
	邮　编：130021	
电　　话	编辑部：0431-86037970	
	发行科：0431-85640624	
定　　价	29.50 元	

目　录

第一章　有爱才有人生

第五章　人生的做事方法

第六章　人生的幸福

第七章　人生的快乐

第九章　人生的强者

第十章　从寓言看人生

第十一章　感悟人生

第一章　有爱才有人生

一、航向和高度

1989 年，一位年轻人从中山大学毕业，应聘到万宝冰箱厂。工厂付给他当时令人眼红的 400 元月薪。3 个月之后，他却放弃这份来之不易的高薪工作，离开单位去中科院攻读硕士学位。

总以为获得硕士文凭之后，他会找一个比万宝冰箱厂薪酬更高的工作，谁知 3 年之后他到了联想公司，每月的工资是 300 元，后来公司给他涨到每月 400 元。

朋友问他："你读了 3 年书，和在万宝冰箱厂有什么差别？"他笑而不答。

一年后，他拿着中山大学本科、中科院硕士、在联想工作一年的简历，应聘新加坡第二大多媒体公司，从 30 个中国面试者中脱颖而出，拿到相当于 1 万元人民币的月薪。

在新加坡时，他先后在 3 家软件公司任职，后来还进了飞利浦亚太地区总部，他不断地跳槽，别人根本不明白这个年轻人因为喜欢钱而跳槽，还是为了跳槽而跳槽。更令人感到不可思议的是，他在公司任职期间，只要是他承接的业务，即使是几千元新币，用户一旦在使用中出现问题，他也会放下手中的工作火速赶到。而对于其他软件工程师来说，这种软件的价格根本不配享受这样的技术服务。

在新加坡，他认识了一位同行，两人一拍即合，出资开办了自己的公司。他又一次炒了自己的鱿鱼。那次创业险象环生，许多人认为他不值，有好工作、有好前程，为什么要把自己从波峰推向谷底。但是，他成功了。他就是朗科公司创始人，被 IT

业界誉为"闪存盘之父"的邓国顺。

对于邓国顺的成功，可以用"奇迹"来形容，他一次次把自己推向"绝境"，每次都从绝境中脱颖而出。如果把他的经历串联起来，你就会发现，他一开始的目标就十分明确。他所走的每一步，都是他成功的基石。

在朗科的每个会客室里，都挂着一个镜框，上面写着：成为移动存储和无线数据通信领域的全球领先者。而包括邓国顺在内的所有朗科员工的工作卡背面，则对应着这样一句话：在成立之初，这就是我们的目标和信念。一个人能飞多高，并非由人的其他因素决定，而是由他自己的态度所制约。二战期间在纳粹集中营中生存下来的维克托·弗兰克尔说："在任何特定的环境中，人们还有一种最后的自由，就是选择自己的态度。"

看待事物有不同的态度，就会有不同的人生。暂时的困境是最好的老师，它足以让心灵沉静，让头脑成熟。年轻的我们，有着似火的热情。而"热情如火"还需要加上"理性之柴"才能越烧越旺。态度正像一双手，它可以添柴，也可以泼水。当我们面对人性、面对责任、面对困难时，我们要学会用"态度"这双手决定自己人生的航向和高度。

二、成功的秘密

心理学上有一个著名的"瓦伦达效应"。瓦伦达是美国一个著名的高空走钢索的表演者。他在一次重大的表演中，不幸失足身亡。他的妻子事后说："我知道这一次一定要出事，因为他上场前总是不停地说，这次太重要了，不能失败。而以前每次成功的表演，他总想着走钢丝这件事本身，而不去管这件事可能带来的一切。"后来，人们就把专注于事情本身，不患得患失的心态，叫作"瓦伦达心态"。

美国斯坦福大学的一项研究表明，人大脑里的某一图像会像实际情况那样刺激人的神经系统。比如当一个高尔夫球手击球前一再告诫自己"不要把球打进水里"时，他的大脑里就会出现"球掉进水里"的情景，而结果往往事与愿违，这时候球大多会掉进水里。这项研究从另一个方向证实了"瓦伦达心态"。

在现实生活中，人们做任何事情，总是想得太多，太在乎事情所带来的荣誉、金钱、地位、利益等，太在乎别人的闲言碎语、说三道四，太在乎现在和未来的一切，可我们恰恰忽略了事情本身。我们的大脑成天被各种欲望塞得满满的，身体被压得气喘吁吁的，在这样的重荷下，我们能把事情做好吗？结果我们总是偏离预定的轨道，离成功越来越远！

法拉第曾说过一句话："拼命去争取成功，但不希望一定会成功，结果往往会成功。"这就是成功的秘密。

成功的奥秘是这样的——选准了目标，就只管埋下头来，专注于手头的事情，专心致志地把眼前的事情做好，不过多地考虑结果如何，不过多地患得患失，一步一个坚实的脚印，成功自然会向你走来。

三、传播人性中的善意美

有位朋友与家人间关系一直紧张，这成为他挥之不去的阴影。工作后，他并没有心境好一些，而是更加郁郁寡欢，与同事朋友亲情融融的家庭对照使他更感痛苦，他恨自己生在这样一个没有温情的家，相互间总是剑拔弩张。

他谈了女友，他是爱她的，但他总是忍不住用尖刻的言语向她发脾气。有时只是很小的事，却不可控制地吵到不可开交。吵完了，他抱住她，感到后悔，可是下次又重蹈覆辙，女友受不了他的脾气，和他分手了。

失恋的他孤独起来，无论在公司还是朋友同学聚会上，他总像一抹灰色的阴影。没人靠他太近，因为怕不小心冒犯了他，遭到他冷冷的回击。

有一天，他在末班公交车上塞着耳机听恩雅的音乐时，忽然意识到，他正在犯他家庭曾犯过的错误——把父母间相互苛责的粗暴态度搬到他和女友间，把兄妹间的冷漠自私搬到与同事朋友的相处中……他总在抱怨家庭的不良气氛，却一次又一次在自己的生活中复制它，就像复制一种情绪的病毒。

这病毒像一条阴暗的河流，所到之处散布着瘴气与潮湿，不仅使环境阴郁起来，也使自己总处于病毒侵扰中。他不仅回到家心情恶劣，出了家门仍然是危险的"病毒携带者"，不论是恋人还是朋友、同事，都唯恐避之不及。渐渐地，他被美好的人际与情感所隔离，成为孤独的"病人"。

检视一下你自己，在你抱怨他人这样那样的缺点时，你是不是也同样在犯着这些错误，并且将它复制，把它传染到更多场合中，逐渐使自己成为不受欢迎的人！

让我们把那些不良的情绪与心态自我隔离，使"病情"得到稳定康复后再与他人接触，尽可能把美好情绪带给家庭、恋人、同事、朋友……每个人都这么做时，情绪病毒便会得到控制、缩小，最终有一天会零记录。到那一天，我们可以想象心情是多么自由畅快，愉悦是怎样通过一句问候、一个微笑传播开去，那样的日子一定是离春天最近的日子！

"东边日出西边雨，道是无情却有情。"生活中的烦闷惆怅实际上都深深烙上了爱的印迹。不管是有意还是无意的，都是对生活充满着爱，只是走向了两个极端而已。我们应该尽量将人性中善意的美和真的东西通过自身传播出去，使人性善意的美得到升华。

四、感恩的心

在湘西凤凰夺翠楼和黄永玉闲谈。一位湖南女孩请黄永玉给她一点儿做人的忠告。黄永玉说，他十几岁的时候去上海，生活、读书都没着落。有一对夫妇让他住在他们家里。这家人家有好多书。他们对他说，可以住在他们家里，可以读这些书。黄永玉离开家乡时，年龄很小，他说他读的书，许多就是在那儿读的。他在那儿断断续续住了两三年，每年除夕，这对夫妇总是等着黄永玉归来一起过年。这家的院子里，开满了梅花，待到下雪，院子里很静，很美。有两个除夕，不管走多远，无论多晚，黄永玉总赶在除夕夜回到那个家、那个院子里去，去和这对夫妇一起吃年夜饭。第三年，黄永玉赶到那个家、那个院子的时候，已经是大年初一凌晨了。那对夫妇，仍在等着他，桌上有过年的菜，还放着留给黄永玉的一个空碗、一双筷子。黄永玉说，人生总是这样，一个人总会碰到很多好心人，这些好心人，会在你困难的时候，伸出手来帮助你。因此做人要感恩，感恩生命，感恩很多帮助过自己的好心人。好心人并不要求回报，他们从来不期待回报，他们也有被人家帮助过的经历，他们帮助别人，也是因为他们感恩，感恩生命，感恩生活。黄永玉接着说，怎么度过人生，也说不出什么忠告，要说有什么的话，有一句话，可能有用，那就是：在你向前走的时候，有时会摔跤，摔跤是正常的，摔跤是长大的代价。可摔了跤之后，千万不要回过身去欣赏那个坑，因为我们还有许多事要赶着去做。最后，黄永玉说，我们感恩生活，包括生活带给我们所有的快乐和痛苦。

你是否已淡忘，是否仍感恩：曾经跌倒时，是一只陌生而又温暖的手将你拉起；曾经寒冷时，是你慈祥苍老的母亲为你轻披外衣；曾经迷茫时，是朋友坚定的眼神与默默的鼓励伴你走出凄风苦雨……人活着，应始终有一颗感恩的心。

幸福时，感恩朋友；快乐时，感恩苦痛；坚强时，感恩泪水；成功时，感恩失败；即便生命临终，依然感恩父母赐予生命！

五、涌泉相报

一对法国农民夫妇15岁的儿子得了一种恶性皮肤病，夫妇俩借了所有能借到的钱，领着儿子到处去看病。那年冬天，在马赛一家医院里，母亲陪护儿子治疗，儿子睡在病床上，母亲和衣坐在冰凉的地板上，几十个日日夜夜，她没有睡过一个好觉。母子俩吃的是从家里带来的面包，大夫们实在看不下去，午餐的时候，总会给他们打来两份牛排，而母亲依旧吃冷面包，把牛排留给儿子吃。

后来，儿子的病情不断恶化，医生告诉母亲："孩子的病治不好了，维持生命需要很多钱。"母亲回到病房，默默地收拾行李，然后平静地对孩子说："咱们回去吧。"

再后来，孩子的不幸遭遇被巴黎一些媒体报道了，好心的人们纷纷捐款，希望

5

能留住他的生命。然而，这是一种非常严重的病，孩子还是死了。

孩子在离开人世之前，把能够知道姓名的好心人一个个记在笔记本上，他告诉父母："我不想死，可我知道自己的病拖累了你们。我死之后，一定要把这些钱还给人家。"

埋葬了孩子，家里已是空荡荡的了，连生活都成问题，但孩子的父母没有忘记孩子的遗愿。夫妇俩变卖了家产，踏着积雪，敲开那一扇扇门，把钱一笔一笔地还给那些曾经帮助过他们的人，并对那些好心人说："孩子已经走了，多谢你们帮忙。"

人们拒绝接受，他们哭了："孩子的心愿不能违背呀！"大伙儿只好含着泪收下。他们用那些无法退回的钱，建立了一个基金，谁家有病有灾的，尽可以拿去使用。他们说，养了一年的牛可以卖了，种植的葡萄园也能卖点儿钱，他们想把那基金再充实一下……

人处于世，谁会一帆风顺？谁会没有难处？谁不受恩于人？

古语说："滴水之恩，当以涌泉相报。"古人教育我们要知恩图报，是因为它是人类共同的道德准则，是高尚情操的表现。

这位 15 岁的法国小孩儿要求父母偿还捐款，父母也遵照孩子的遗愿，变卖家产还钱。

这正是法国孩子知恩图报的传承与延伸。

六、飞越苦恼

一天，俄国大文豪列夫·托尔斯泰的女婿去看望他，只见托尔斯泰全神贯注地望着窗外，便问岳父在看什么。托尔斯泰回答说："我在看大树枝上的乌鸦，现在这只乌鸦就是我的老师。"

女婿听了感到不解。托尔斯泰解释说："因为它教会我如何生活。"

托尔斯泰顿了顿，接着说："今天早晨，我心情特别沉重，我为我们家庭的不

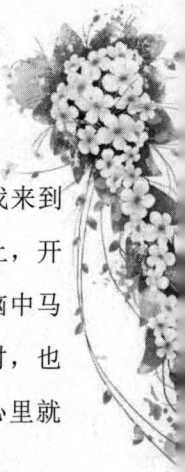

和睦而难过。我觉得生活中的一切都不理想，处境困难，连出路都没有了。我来到窗边，开始思考该怎么办？我望着窗外，突然看见了这只乌鸦，它飞到树枝上，开始走动起来，当它走到枝头，面临危险时，便将翅膀一张，向上飞起。我头脑中马上闪现出一个念头，我不是也应该像乌鸦那样吗？当生活不如意、处境困难时，也应该向上飞。我设想我在向上飞起，飞越所有使我苦恼、使我难过的事情，心里就觉得平静、舒服多了。"

"我劝所有的人都要想到自己的翅膀，要向上高飞。"托尔斯泰继续说，"有的小人物有时看来完全缺乏意志力，一事无成，可是一旦时机来到，他突然建树了大的功绩。这就是他的翅膀的作用，翅膀的力量。"

在这个世界上，有许多卑微的生命，它们如小草一般，在无人关注的角落里，寂寞而顽强地生长。当你看到毛乌素沙漠中的那一大片绿洲时，当你看到垃圾屋里面藏着的那个奇特的香水瓶拼图时，你一定会惊叹：即使是卑微的生命，有时也会创造出奇迹。

七、培养脚踏实地的习惯

一对农村夫妻 40 得子，因而宠爱有加，在蜜罐中长大的孩子养成了一意孤行的脾性，做事毛毛躁躁，就连走路也走不好，时常跌进水田里，这让望子成龙的父母焦心。

孩子 7 岁那年上了小学。顽皮的他走路喜欢东张西望，不是弄湿鞋子，就是弄脏裤子，哭鼻子成了家常便饭。做母亲的整日跟在他后面洗，也无法让他干净地穿一天。

一天，孩子的父亲带一把铁锹去儿子上学必经的田埂上，在上面断断续续挖了十几道缺口，然后用棍棒搭成了许多小桥，只有小心走上去才能通过。那天放学，儿子走在田埂上，看面前出现这么多小桥，很是诧异。是走过去，还是停下来哭泣呢？四顾无人，哭也没有用啊。最终他选择走过去。当他背着书包晃晃悠悠地通

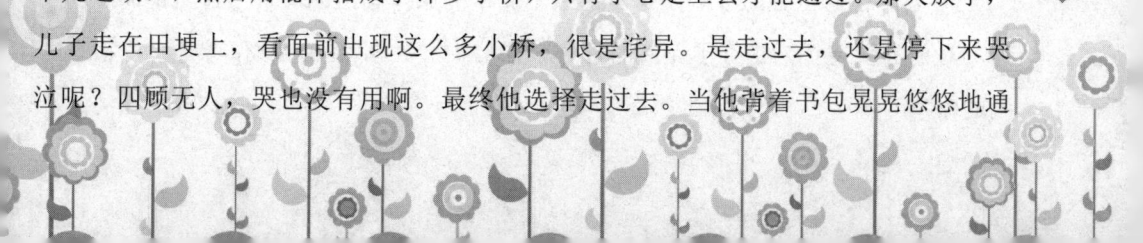

过小桥时，惊出一身冷汗。他第一次没有哭鼻子。

吃饭的时候，孩子跟爸爸讲了今天走过一座座小桥的经历，脸上满是神气。做父亲的坐在一旁，夸他勇敢。以后，他上学的路上再也没惹过麻烦。

妻子对丈夫的举措有些不解，丈夫解释道："平坦的道上，他左顾右盼，当然走不好路；坎坷的路途，他的双眼必须紧盯着路，因而走得平稳。"

如果不在孩子成长的路上设置一些障碍，一味地给他们提供顺境，让其想法不经过努力就能实现，那么他们长大后一旦遭遇挫折，必然会经受不住打击，而产生种种令人意想不到的后果。

拿一把铁锹，在孩子前进的道路上设置沟壑，把平坦的大道变成窄道，让孩子勇敢地走上去。这样，他们就会专注于脚下的路，长大后也能从容面对挫折。

培养他们脚踏实地的习惯，他们今后的人生就会少些失败多些成功。

八、知耻而后勇

我的朋友大李是一个文学爱好者。当年，他写了大量的文学作品投寄出去，但无一发表，大李十分惆怅。眼看着身边熟悉的朋友不断有文章发表，他的心里既羡慕又嫉妒。

为了体验一下文章发表的乐趣，也为了找到一种虚荣的自尊，他开始实施一个错误的计划。经过精挑细选，大李的目光停留在某本杂志中的某篇文章上，他细心地把文章誊写在稿纸上，稍作修改，把原作者的名字改为自己的名字，将文章投进了邮筒，之后就是忐忑不安的等待。

结果并没有让他失望，两个多月后，一本散发着油墨清香的杂志寄到大李的手中，正如他所想象的那样，自己的名字终于变成了铅字，他无比惊喜但又有一丝恐慌。

不久，让他担心的事情还是发生了。文章的原作者给他写来一封义正词严的长信，对他的抄袭行为进行了无情的批评。在信中，大李得知，原作者是一位很有名气的作家。

大李经过再三思索，终于向作家回了一封信，把自己的真实情况告诉了作家，承认了自己的抄袭行为，并向作家道歉。不久，作家回信说可以原谅他的抄袭行为，但是他必须为自己的行为付出代价，作家要他支付赔偿金500元钱，否则，将把他的抄袭行为公布于众。大李害怕了，他悔恨自己一时糊涂。

思量再三，大李终于将500元钱寄给了作家，他握着邮局给他的收据，心疼又后悔。

以后的日子风平浪静。一日，投递员忽然给他送来一张汇款单，开始的时候，他很纳闷，因为他知道，自己"发表"的那篇稿子不可能有稿费了，是谁给自己寄来了钱？他接过一看，居然是500元钱，落款是那位作家。作家在留言栏里写了一行字：款退回，我只保留一个收据就可以了，望努力。

顿时，大李的眼睛湿润了。

此后，大李开始认真地阅读和写作，真正属于自己的文章也开始见诸报端。多年以后，大李才把这个故事告诉我们。

我被感动了，感动于作家的豁达和高明。500元钱去了又回来，却不是简单的循环，因为它在此地和彼处留下了两张收据，一张收据上面写着羞耻，而另一张收据上面写着宽容。

孟子曰："知耻而后勇。"当年的耻辱和失败要成为今日奋发图强的动力，这是每一个人都应有的精神。

九、有序排队

一架空中客机在机场起飞后，突遇机械故障。飞行员竭尽全力进行迫降，但是飞机最终坠落在一大片沼泽地中。

飞机在沼泽里燃起熊熊大火，十几分钟后发生了剧烈爆炸。据目击者猜测，飞机里的乘客生还的机会很小。但是，实际情况却是：乘坐这架飞机的108人中，只有13人遇难。这在空难史上简直是个奇迹。

这是发生在美国三角洲航空公司的一个真实的故事，据当地媒体称，飞机坠毁后，能有这么高的生还率，有赖于一位乘客的勇敢行为。

他曾是一位直升机飞行员，当飞机坠落到地面后，他凭着职业敏感迅速找到了飞机的裂口处，并把离他最近的一位乘客送到飞机外面，同时他要求这位乘客协助他工作，他自己则高声呼喊逃生的路线。飞机上许多惊醒的乘客纷纷涌向裂口，局面有些不可控制。他有些惊慌，如果发生混乱，逃生的人将会很少。但是，大家很快就排起了长队，互相搀扶着往外走，尽管大家十分惊慌，但是逃命的队伍却井然有序。

飞机在熊熊燃烧，大家都知道时间意味着什么。在地面救援人员的协助下，旅客一个接着一个地离开飞机。等到他离开飞机几分钟后，飞机爆炸了。

电视台为他作了一个专访节目，许多生还的乘客纷纷打电话向他表示最衷心的感谢。可是，这位勇敢的退役飞行员说，他更要感谢生还的乘客，是他们有序排队争取了时间，救了他们自己，也救了他。

有序排队或者叫作公共秩序对每个人、对国家都是非常重要的。它代表了大家共同的要求和愿望、共同的利益，是社会文明的标志，是一个人有道德的表现。只有大家都自觉遵守公共秩序，我们才能有一个秩序井然、安定文明的社会环境，才能使日常生活正常进行，在关键时刻，甚至可以挽救我们的生命。

十、语言"双刃剑"

一个性格内向的年轻人，在很短的时间内父母相继病逝，情场又十分失意，事业上也频遭挫折，还受到了小人排挤，他万念俱灰。一天，他来到一家商店，想买一把水果刀，准备杀掉所有与自己有嫌隙的人之后自绝于世。他要了好几把刀，反复试着刀锋，终于选定了一把。付过钱后，正待离开，售货员小姐忽然叫住了他，把刀要了回来。他冷冷地站在那里，困惑地看着她往刀锋上缠着纸巾，缠了一层又一层，缠好之后，她手握刀锋，将刀柄一方朝着他，把刀递到他的手里。

"你这是干什么？"他问。

"这样就不容易碰伤了人。"小姐笑道。

"其实你不用管那么多，只需要卖刀就行了。"

"这里卖出的刀是去削水果还是去沾鲜血是和我没有一点儿关系。"小姐依然笑道，"可是我希望所有的人都能生活得好一些。"他拿起刀走出了商店，心里忽然十分温暖。原来这世界并不像他想象的那么无情，原来还有人不为任何利益地关心着他。虽然不多，但一点点也足够珍贵了。那天下午，他买了许多水果，细细地用那把刀享受着果汁的芬芳与甘甜。他边吃边流泪边回想那个女孩儿的容颜。如果不是那个陌生的女孩儿，他和这把刀恐怕都得再换一个位置了。自此，这把刀成了他警戒自己的至宝。那个女孩儿，也成了他生命中的女神。

语言是一把"双刃剑"，能够杀人，也能够救人，就看你怎么用它！记住：良言一句三冬暖！

十一、信念的力量

这是发生在非洲的一个真实的故事。

6 名矿工在很深的井下采煤。突然，矿井坍塌，出口被堵住，矿工们顿时与外界隔绝。大家你看看我，我看看你，一言不发。凭借经验，他们意识到自己面临的最大问题是缺乏氧气，如果应对得当，井下的空气还能维持三个多小时，最多三个半小时。外面的人一定已经知道他们被困了，但发生这么严重的坍塌意味着必须重新打眼钻井才能找到他们。在空气用完之前他们能获救吗？这些有经验的矿工决定尽一切努力节省氧气。他们说好了要尽量减少体力消耗，关掉随身携带的照明灯，全部平躺在地上。在大家都默不作声，四周一片漆黑的情况下，很难估算时间，而且他们当中只有一人有手表。所有的人都向这个人提问题：过了多长时间了？还有多长时间？现在几点了？时间被拉长了，在他们看来，2 分钟的时间就像 1 个小时一样，每听到一次回答，他们就感到更加绝望。他们当中的负责

人发现，如果再这样焦虑下去，他们的呼吸会更加急促，这样会要了他们的命的。所以他要求由戴表的人来掌握时间，每半小时通报一次，其他人一律不许再提问。大家遵守了命令。当第一个半小时过去的时候，这人就说："过了半小时了。"

大家喃喃低语着，空气中弥漫着愁云惨雾。戴表的人发现，随着时间慢慢过去，通知大家最后期限的临近也越来越艰难。于是他擅自决定不让大家死得那么痛苦，他在告诉大家第二个半小时到来的时候，其实已经过了45分钟。谁也没有注意到有什么问题，因为大家都相信他。

在第一次说谎成功之后，第三次通报时间就延长到了1个小时以后。他说："又是半个小时过去了。"另外5个人各自都在心里计算着自己还有多少时间。表针继续走着，每过一小时大家都收到一次时间通报。外面的人加快了营救工作，他们知道被困矿工所处的位置，但是，很难在4个小时之内救出他们。四个半小时到了，最可能发生的情况是找到6名矿工的尸体。但他们发现其中5人还活着，只有一个人窒息而死，他就是那个戴表的人。

这就是信念的力量。如果我们认为并且相信自己能够更进一步，那么成功的可能性就更大。

十二、肮脏的心灵

没见过那么丑又那么开心的女人，每天黄昏经过小桥，总遇见那木推车，总见那女人坐在车子上，怀里不是搂着她儿子（我断定是她儿子，因为小男孩儿那副丑相简直就是女人的翻版），就是破箱子、破胶袋、草席、水桶、饼干盒、汽车轮、大包小包拉拉杂杂地前呼后拥，把她那起码90千克的身子围在中心。那男人（想必是她丈夫）艰难地推着车子，黄褐色的头发湿淋淋地贴在尖尖的头颅上，打着赤膊，夕阳下的皮肤红得发亮，半长不短的裤子松垮垮地吊在屁股上。每次木推车上桥时，男人的裤子就掉下来，露出半个屁股。男人都快累死了，那胖女人却坐得心安理得，还常常优哉游哉地吃着雪糕筒呢！铁棍一般又黑又亮又结实的手臂里的小男孩儿时不时抓过母亲的手，咬一口雪糕，母子俩在木推车上争着吃，脸上尽是笑，女人笑得眼睛更小、鼻子更塌、嘴巴更大，脸有时可能搽了粉，黑不黑，白不白，有点儿灰有点儿青，粗硬的卷发老让风吹得在头顶纠成一团，而后面那瘦男人看得那么开心。他天天推着木推车，车上的肥老婆天天坐在那儿又吃又喝。

有一次不知怎地，木推车不听话地直往桥下一棵椰子树冲去，男人直着脖子拼命拉，裤子都快全掉下来了，木推车还是往椰子树一头撞去，女人手中的碎冰草莓撒了她跟小男孩一头一脸。我起先咬住唇忍着不敢笑，谁知那男人一手丢了木推车，望着车上的母子二人大笑，女人一边抹去脸上的草莓，一边咒骂，一边跟着笑，夕阳也不忍下山了。看着这一家三口笑得死去活来，我也放心地跟着他们恣意地大笑一场。

唉，管什么男的讲风度，女的讲气质，什么人生的理想，生活的目标，什么经济不景气，借人家 100 万会不会不还？这一家三口，男人的黄发和木推车扶手上的蛤蜊和黑白仔告诉我，他是捕鱼郎，女人大概是摆地摊的小贩，每天快快乐乐地出海摸蛤蜊，每天快快乐乐地赶集摆地摊，然后跟着夕阳回家。丑成那样，穷成那样，又有什么关系呢？

真正的丑不是外表的丑，而是心灵的肮脏；真正的穷不是一文不值，而是缺乏爱心、缺乏力量。

十三、人生的机遇

一个星期一的早晨，阳光普照。出租车司机欧文·斯德恩的车子在约克大街上开来开去找顾客。但是天气太好，要乘出租车的人不多。在 68 街纽约医院对面，他碰上红灯，停车等。这时他看到一个穿得很体面的人从医院的台阶上急步下来，举手叫车。

正在这时，绿灯亮了。后面那部车子的司机不耐烦地按喇叭，斯德恩也听到警察吹哨子要他开走，但是他不打算放弃这个客人。客人终于到了，跳进汽车。他说：

13

"请去拉瓜迪亚机场。谢谢你等我。"

斯德恩心里想：真是好消息。星期一早上拉瓜迪亚机场很热闹，如果运气好，我可能有回程乘客。那就满意了。

斯德恩照例猜想乘客是个怎么样的人。这个人喜欢说话吗？会一言不发吗？抑或只是埋头看报？过了一会儿，乘客开口跟他攀谈，问得再平常不过："你喜欢开出租车吗？"

这是一个普通的问题，斯德恩也给他一个很普通的回答："还不错。糊口不难，有时还会遇到有趣的人。可是如果我能够找到一份工作，每星期多赚 100 美元，我就会改行。你也会吧？"

"如果要我每星期减薪 100 美元，我也不会改行。"他的回答引起了斯德恩的兴趣。他从来没有听人说过这样的话。"你是干哪一行的？"

"我在纽约医院的神经科做事。"

斯德恩对他的乘客总感到很好奇，并且尽量向人讨教。许多时候，他都跟乘客谈得很默契，也时常得到做会计师、律师、水管匠的乘客友好指点。也许这个人真的喜欢他的工作，又或许只是因为在这春日早晨，他的心情很好。不过斯德恩决定了请他帮忙。他们很快就要到达飞机场了，于是斯德恩不顾一切对他说了出来。

"我可以请你帮我一个大忙吗？"

乘客没有开口。

"我有一个儿子，15 岁，是个很乖的孩子。他在学校里成绩很好。今年夏天我们想叫他参加夏令营，他却想做暑期工。可是 15 岁的孩子，如果他老子不认识一些老板，就不会有人雇用他。而我就一个老板也不认识。"

斯德恩停了一下。"你有可能帮他找一份暑期工作吗？没有酬劳也行。"

乘客仍然没有开口。斯德恩开始觉得自己很傻，实在不应该提出这个问题。最后，车子开到机场大厦的斜路时，乘客说："医科学生暑期有一项研究计划要做，也许他可以去帮忙。叫他把学校成绩单寄给我吧。"

他伸手到口袋里找名片，但是找不到。他问斯德恩："你有纸没有？"

让你更快乐

斯德恩把装午餐的牛皮纸袋撕下一块来。乘客写了几个字，然后付车费走了。

那天晚上，斯德恩和家人围坐在餐桌旁，他从衬衫口袋里掏出那块纸来，洋洋得意地说："罗伯特，这可能会帮你找到暑期工作。"

罗伯特高声读出来："弗雷德·普鲁梅，纽约医院。"

斯德恩的太太说："他是医生吗？"

罗伯特说："这是开玩笑吗？"

经斯德恩不断唠叨、哄骗、大声叫嚷，最后还威胁不给他零用钱，罗伯特才在第二天早上把成绩单寄出。

两个星期后，斯德恩下班回家，见到儿子满面笑容。他递给爸爸一封用很讲究的凹凸信纸写给他的信，信纸上端印着"纽约医院神经科主任弗雷德·普鲁梅医学博士"一行字。信中叫他打电话给普鲁梅医生的秘书，约个时间晤谈。

罗伯特得到了那份工作，做了两个星期义工，每星期获得40美元工资，一直到暑期结束为止。他跟着普鲁梅医生在医院里走来走去，做些小差事，这虽然微不足道，但他穿着白色工作服，觉得自己也很重要。

第二年夏天，罗伯特又到医院去做暑期工。这一次责任稍微重些了。中学快毕业时，普鲁梅医生很周到，替他写了一些推荐信给几家大学。罗伯特最后被布朗大学录取，斯德恩一家高兴极了。

第三年夏天，罗伯特又到医院去做暑期工，渐渐对行医产生了热爱。大学快毕业时，他申请进医学院。普鲁梅医生又替他写推荐信，推许他的才能和人品。

罗伯特被纽约医学院录取。他取得医学博士学位之后，做了四年妇产科实习医生。

出租车司机的儿子罗伯特·斯德恩医生后来成为纽约市哥伦比亚长老会医疗中心的妇科住院主任医生。现在，他自己开业行医。

有人会说这是命运，也许是这样。可是命运证明了寻常的偶遇中也会带来无穷的机会。当我们有困难的时候，不要害怕向陌生人求助，也许我们能够得到意外的机遇。

十四、善良的人

我们每天都能从报纸上读到关于什么人碰到倒霉事的报道，没准儿自己就能碰到这类事，然后我们会想："哪儿都没有好人，尽是些坏人和坏事。"一想到这些，我们就很生气，就不快乐，而自己不快乐，有时会让别人也不快乐，这确实很糟糕。

现在我要讲一个跟这完全不同的，我亲自遇到的真实的故事，我应邀要去外地一位朋友那里小住，于是我去伦敦利物浦大街火车站搭车，我先在车站商店里买了两本书和一张报纸（伦敦好几个大火车站里都有商店），然后上了火车。正在这个时候，我无意中发现手上的戒指不见了。

这枚戒指是一位好友送给我的，丢了戒指使我很伤心，我开始在车厢地板上找，后来又在外套和手提包里找，戒指真的不见了。

"进商店的时候我手上戴着戒指吗？"我竭力回忆着，"是的，当时我是戴着戒指，戒指很可能是在那里丢的，那么我怎样找回它呢？我不能再返回那个商店，因为那样一来火车就会丢下我开走了，而我的朋友会去接车，如果我不在车上，她会焦急不安的，我到底该怎么办呢？"

我从车窗里向外张望，看见一个人正把一些邮袋装到另一节车厢，我从车上下来，在站台上找戒指，还是没找到，那个人看我在地上找东西，就走近我。

"您丢什么东西了吧？"他问，"我能帮忙吧？"

"是的，"我说，"我丢了戒指，哪儿都找过了，都没有，我在这个车站的商店里买过东西，我想戒指一定是在那儿丢的，可是我不能回商店里去啦，因为火车就要开了，我必须乘这趟火车走。"

"我替您到商店去找，"他说，"如果戒指还在那儿，那我就给您拿来。"

"这可太感谢您啦，"我说，"不过来不及了，火车马上就要开了呀！"

我很快想了一下，又说："假如您找到了它，请您给我打个电话，好吗？"

"可以，"他回答说，"我可以打电话告诉您。"

我于是告诉他电话号码，他记到了一张纸上。

"请问您叫什么名字？"我问道。

"我叫阿伯特·霍金斯。"他说。

"我回来时还能在这儿找到您吗？"我问。

"能，"他说，"我就在这个车站工作，您只要提到我的名字就行。"

"您若是找到了那枚戒指，"我说，"那就麻烦您保管好，等我回来取，别忘了告诉我一声。"

乘客们都在急匆匆地上车，我也回到车上，车门关上了，我把头探出车窗外。

"您记住电话号码了吗？"我问他。

"记住了。"阿伯特·霍金斯说，火车开动了。"非常感谢您，霍金斯先生！"我冲他大声喊道。

火车开出站台，我坐下来想自己的心事。把戒指丢失在那个火车站使我伤心透了。

"我不会再看到自己的戒指了，"我暗自寻思，"假设霍金斯找到了它，他会拿去卖个好价钱，或者就在此刻，另外一个人已经捡到它了，他将据为己有。反正我不可能再听到任何关于戒指的音信了。"

我越想越伤心，真想立刻下车回到那个车站找我的戒指，但是火车越开越快，远离了我的戒指。

大约一个钟头之后，火车到站了，我的朋友用小汽车把我接走，在路上我把这件伤心事讲给她听，她深感惋惜。

到了朋友家，她停放小汽车去了，我脱掉外套，放上提包，正在这时，电话铃响了，我拿起电话，对方说："我是利物浦大街火车站的阿伯特·霍金斯。"

"啊！霍金斯先生，"我说道，"您找到我的戒指啦？"

"是的，"他说，"事情很顺利，我已经找到它啦，您是在车站商店里把它弄丢的。一个人捡到戒指，交给了商店的女售货员，当我问到她时，她拿给我看，我

17

肯定是您的戒指。""啊，我太高兴了！多谢您了，回头我到您那儿去拿。"

"干吗要等那么长时间？"霍金斯先生说，"我可以把它寄给您，不过我不知道您的地址。""但那样的话又会给您添麻烦。"我说。

"一点儿也不麻烦，"霍金斯先生说，"我很高兴这样做。"

我把自己的名字和地址告诉了他。

"我这就给您寄去。"他说完挂上了电话。

两天后，我接到一封信，里面用纸包着我的戒指，纸上写有一句话："非常高兴能帮助您！"

后来我送给阿伯特·霍金斯一点儿钱和一封感谢信，但我无法向第一个捡到戒指的那个人致谢，我大概永远不会知道他是谁。

他们没有财富，但他们有助人为乐的美德，这比财富好得多，他们是善良的人。

十五、善良的回报

很多年前一个暴风雨的晚上，有一对老夫妇走进饭店的大厅要求订房。"很抱歉，"柜台服务员回答说，"我们饭店已经被参加会议的团体包下了。往常碰到这种情况，我们都会把客人介绍到另一家饭店，可是这次很不凑巧，据我所知，另一家饭店也客满了。"

他停了一会儿，接着说："在这样的晚上，我实在不敢想象您们离开这里却投宿无门的处境，如果您们不嫌弃，可以在我的房间住一晚，虽然不是什么豪华套房，却十分干净。我今晚就待在这里完成手边的工作，反正晚班督察员今晚是不会来了。"这对老夫妇因为造成柜台服务员的不便，显得十分不好意思，但是他们谦和有礼地接受了服务员的好意。

第二天早上，当老先生下楼来付住宿费时，这位服务员依然在当班，但他婉拒道："我的房间是免费借给您们住的，我全天待在这里，已经赚取了很多额外的钟点费，那个房间的费用本来就包含在内了。"老先生说："你这样的员工，是每个饭店老

板梦寐以求的，也许有一天我会为你盖一座饭店。"

年轻的柜台服务员听了笑了笑，他明白老夫妇的好心，但他只当那是个笑话。又过了几年，那个柜台服务员依然在同样的地方上班。有一天他收到老先生的来信，信中清晰地叙述了他对那个暴风雨夜的记忆。老先生邀请柜台服务员到纽约去拜访他，并附上了往返机票。

年轻的柜台服务员来到了曼哈顿，于坐落在第五大道和三十四街之间的豪华建筑物前见到了老先生。老先生指着眼前的大楼解释道："这就是我专门为你建的饭店，我以前曾经提过，记得吗？"

"您在开玩笑吧！"服务员不敢相信地说，"都把我搞糊涂了！为什么是我？您到底是什么身份呢？"年轻的服务员显得很慌乱。老先生温和地微笑着说："我的名字叫威廉·渥道夫·爱斯特。这其中并没有什么阴谋，因为我认为你是经营这家饭店的最佳人选。"

这家饭店就是著名的渥道夫·爱斯特莉亚饭店的前身，而这个年轻人就是乔治·伯特。他成为这家饭店的第一任经理。

助人者人恒助之。你怎样对待别人，别人就会怎样对待你；你怎样对待生活，生活就会怎样对待你。

十六、尊重他人的尊严

雷蒙德·卡丁在许多人眼里是个可爱的乡下人。威拉德至今记得他走在佛蒙特州诺斯菲尔的街上的样子：一位满头白发、衣着讲究的绅士。威拉德与他有过一次短暂的交往。

10岁的小威拉德可以自由地在镇里到处乱跑，父母禁止他去的地方只有佩因山脚下废弃的采石场。但那是一个吸引人的地方，到处淌着浅绿色的水，并且布满了碎石堆起的小坡。小白杨树从石缝中长出来，攀着它们能轻易地爬上这些小坡。矮树丛中不时可发现生了锈的采石机。

一个夏天的下午，威拉德跟着一群大孩子去那个地方。大孩子们走离了通往采石场的被人踏出的小路，然后扔下了威拉德。

威拉德爬过一根根伐倒的树干，穿过缠人的荆棘丛，找了一个多小时仍没找到原先的小路。太阳很低，已过了晚饭时间，父母大概着急了。他惊慌起来，就坐在一棵树下，用哭声表达了自己的苦恼。

当威拉德止住哭喘口气时，听见有人在吹口哨。威拉德立刻找到了吹口哨的人——那就是雷蒙德·卡丁。

卡丁正坐在小路边的一段树干上，削着一根细树枝。

"你好！"卡丁说道，"出来散步吗？天气真好。"

威拉德点点头："我只是想来考察一下这个旧采石场。不过现在我得回去了。"

"要是你愿意稍等一会儿，"卡丁说，"我想和你一同回镇上去。我快要完成这个柳哨了，做好了送给你。"

他把柳哨递给威拉德，然后站起来。伴着清亮的哨声，他们一起顺着小路走下山坡。

威拉德进入老年的时候，当他坐在草坪上的折椅里时，第一次明白了那是一个多么不寻常的友善举动。他突然明白了，卡丁听到他的哭声，知道这是一个小男孩儿迷了路。出于一种情感，他不愿充当一个援救者的角色，而是坐在一旁吹口哨，使威拉德能够找到他。他尊重一个小男孩儿的自尊心。

能够热心帮助陌生人是一种良好的品质。而能够体贴并周到地帮助别人，则更能博得别人的感激和由衷敬意。

十七、伸出双手

父亲带着克拉克排队买票看马戏。排了老半天，终于盼到在他们和票口之间只隔着一个家庭。这个家庭让克拉克印象深刻：他们有 8 个在 12 岁以下的小孩儿。他们穿着便宜的衣服，看来虽然没有什么钱，但全身干干净净的，举止很乖巧。排

队时，他们两个两个成一排，手牵手跟在父母的身后。他们兴奋地叽叽喳喳谈论着小丑、大象。克拉克想：今晚必是这些孩子们生活中最快乐的时刻了。

他们的父母神气地站在一排人的最前端。这个母亲挽着父亲的手，看着她的丈夫，好像在说："你真像个佩着光荣勋章的骑士。"骄傲中的他也微笑着，凝视着他的妻子，好像在回答："没错，我就是你说的那个样子。"

卖票女郎问这个父亲，他要多少张票？

他神气地回答："请给我8张小孩儿的2张大人的，我带全家看马戏。"

售票员开出了价格。

这人的妻子扭过头，把脸垂得低低的。这个父亲的嘴唇颤抖了，他倾身向前，问："你刚刚说是多少钱？"

售票员又报了一次价格。

这人的钱显然不够。

但他怎能转身告诉那8个兴致勃勃的小孩儿，他没有足够的钱带他们看马戏？

克拉克的父亲目睹了一切。他悄悄地把手伸进口袋，把一张20元的钞票拉出来，让它掉在地上（事实上，克拉克家一点儿也不富有！），他又蹲下来，捡起钞票，拍拍那人的肩膀，说："对不起，先生，这是你口袋里掉出来的！"

这人当然知道原因。他没有乞求任何人伸出援手，但深深地感激有人在他绝望、心碎、困窘的时刻帮了忙。他直视着克拉克父亲的眼睛，用双手握住克拉克父亲的手，把那张20元的钞票紧紧压在中间，他的嘴唇抖着，泪水忽然滑落他的脸颊，答道："谢谢，谢谢您，先生，这对我和我的家庭意义重大。"

克拉克和父亲那晚并没有进去看马戏，但克拉克觉得自己的收获更大。

在我们身陷困境、感到无助的时候，多希望有人伸出一双温暖的手啊！在别人窘迫的时候，不也需要我们的帮助吗？奉献出自己的爱心，你一定能够得到更多！

十八、精神财富

那是十多年前的事了。当时 16 岁的我以优异的成绩考入大学，这在偏远的山区里可是件新鲜事，村里为此专门请乡电影队来放了场电影，以示祝贺。左邻右舍，张王李赵的婶子、大娘知道我们家穷，也都你家 10 元，他家 8 元地往我家送钱，帮我筹学费。望着桌上那一堆零散的人民币，我被这淳朴的乡情、善良的父老乡亲深深地感动着。

但令我终身难忘的是入学前发生的一件事。那天上午，我正在家里收拾行李，准备起程。忽然，听到门外有个苍老的声音喊："山子他娘在家吗？"母亲听见了，赶忙去开门。

门外站着村里那个失明的老婆婆。老人家一生没儿女，相依为命的老伴死后，她大病一场，两眼便失明了。平常只能握着根竹竿，摸索着向左邻右舍要地瓜皮子度日。母亲急忙把盲婆婆让进屋里坐下，然后，喊我倒茶。盲婆婆对我母亲讲了一大堆赞扬我有出息的话，把我喊到她身边，用她那枯柴似的手颤颤巍巍地从灰蓝色的土布兜里掏出一张皱皱巴巴的 1 元钱，对我说："山子呀，我这个盲老婆子也没钱，这两元钱是我用地瓜皮子从小贩手里换来的，2 毛钱 1 斤，我共卖了 10 斤，你别嫌少，添着买本书吧。"

什么，2 元钱？盲婆婆手里分明拿着 1 元钱呀！望着盲婆婆那满脸刀痕似的皱纹，干瘪的眼睛，我和母亲瞬间明白了。多么奸诈的小商人，他们竟伤天害理地欺骗一个孤苦伶仃的老婆子！要知道，这 10 斤地瓜皮子，盲婆婆要风里来、雨里去在黑暗中摸索多少天，奔走多少户呀。"怎么，你嫌少？"盲婆婆的话打断了我的沉思，母亲含泪示意我接下，我颤抖着手从盲婆婆手里接过那山一样沉重的"2 元钱"，眼泪已经夺眶而出。

许多年了，如今盲婆婆早已到另外一个世界去了，但老人家留给我的那 1 元钱，我却一直珍藏着。因为在我眼里，它已不再是普通的 1 元钱了，而是一笔取之不尽、用之不竭、永不贬值的精神财富，它让我在人际关系日益商品化的今天，懂得如何用一颗真诚的爱心去对待身边的每一个人。

十九、人格的基石

百事可乐的总裁卡尔·威勒欧普到科罗拉多大学演讲的时候，有一个名叫杰夫的商人通过演讲会的主办者约卡尔见面谈一谈。卡尔答应了，但只能在演讲完之后，而且只有 15 分钟的时间。

杰夫就在大学礼堂的外面坐等。

卡尔兴致勃勃地为大学生们演讲，讲他的创业史，讲商业成功必须遵循的原则，不知不觉中时间已超过了与杰夫约定的见面时间，显然他已忘记了与别人的约定。

正当卡尔继续兴致很高地演讲时，他发现一个人从礼堂外推开门，径直朝讲台上走来。那人一直走到他的面前，一言不发地放下一张名片后转身离去。卡尔拿起名片一看，背面写着："您和杰夫·荷伊在下午两点半有约在先。"

卡尔猛然省悟。一边是需要他说服并且灌输百事可乐思想的大学生们，他们是企业发展的目标甚至是动力，而另一边只是一个名不见经传的向他请教的商人。卡尔没有犹豫，他对大学生们说："谢谢大家来听我的演讲，本来我还想和大家继续探讨一些问题，但我有一个约会，而且现在已经迟到了。迟到已经是对别人的不礼貌，我不能失约，所以请大家原谅，并祝大家好运。"

在雷鸣般的掌声中，卡尔快步走出礼堂，他在外面找到了正在等他的杰夫，向他表达了歉意后，便滔滔不绝地告诉了杰夫他想要知道的一切。结果，原来定好的 15 分钟时间，他们却一直交谈了 30 分钟。后来，杰夫成为一名成功的商人，他把这段经历告诉了他的朋友。他的朋友们都对百事可乐产生了信任并决定经销和宣传百事可乐。

不论我们的目标多么伟大，或者有多少伟大的事业等着我们去做，我们一定要遵守自己的承诺，并且尽可能兑现它。因为经商和做人的成功秘诀中最不能缺少的两个字就是——诚信。

23

言而无信，不知其可也。

诚信是一种现代社会无法或缺的个人无形资产，它的约束不仅来自外界，更来自我们的自律心态和自身的道德力量。

诚信是人格的基石，追赶诚信向来是神圣的。拥有诚信，就会有伟大的人格，而有伟大的人格才会有伟大的事业。

诚信，将陪伴人的一生，在人们心中生根、发芽、开花、结果。

第二章　人生的希望

一、人生最重要的一堂课

大三时，我听过一次老教授的演讲。他是学校特意请来的一位著名的教授。

我清晰地记得，当时那位教授意气风发地走进学校礼堂，他穿着一身白色的西装，在银发的映衬下，显得神采奕奕。只见他从讲台下拿了两杯水，其中一杯是黄色的，另外一杯是白色的，他故做神秘地对我们说："等一会儿，我会让大家从这两杯水中选择其中的一杯品尝一下，无论它是什么味道，你都不许说出来，至于为什么不许说，等到实验结束以后，我再做详细地解释。"接下来，教授在下面选择了 10 个人，让他们依次去台上品尝，我也被选入其中。在我前面的 6 个同学有的选择前者，有的选择后者。当轮到我时，我选择了黄色的水喝，接下来的三个同学喝完后，教授公布了他的统计数字，我们 10 个人中，有 7 个人选择喝黄色的水，而选择喝白色水的只有 3 个人。就这样，总共有 10 个同学做了尝试，其中只有 3/10 的同学选择了白色的水。

接下来，老教授问我们喝过水的同学："那杯黄色的水是什么呢？"我们一同伸出舌头回答："应该是黄连水。"

教授又继续问道"告诉我，你们为什么想要尝试这一杯呢？"

同学们答案各异，有人说，因为它看起来像果汁；有人说，我喜欢黄色。而我呢，是因为它看起来更有味道吧，有种神秘的感觉。

这时，老教授笑了笑，继续问尝过白色那杯水的同学同样的问题，那三位同学

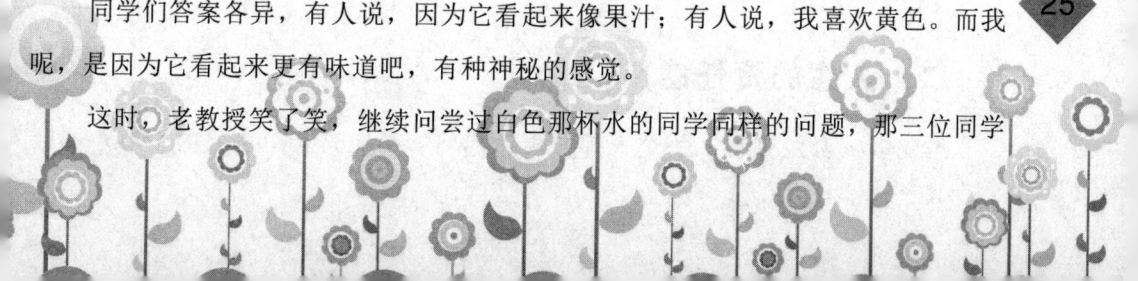

大声回答："是蜜。"

"为什么你们选择尝试白色的这杯水呢？"

喝过白水的同学答案有三：一人说，透明的水多好呀！喜欢透明的感觉。第二人说，他不喜欢掺杂了色素的水，即使它再好喝、好看，但是并不能解渴呀！第三人说，没有多想，就是一念之间。

同学们都已回答完毕，老教授听过又笑了笑说："很苦的黄连水被大多数同学选择，是因为它看起来有些像果汁；蜂蜜水只有极少数同学可以尝到，原因何在呢？事实上，从我的角度来看，选择两杯不同颜色的水的这一过程就如我们人生之中的各种大大小小的选择，当你选择了其一，就意味着放弃其二。一般情况下耀眼的那杯，极容易被大多数的人来选择，而只有极少数的人才会选择平凡的、不太起眼的、没有什么味道的、不讨人喜欢的那杯。前者追寻绚丽多彩的人生，相对来说它前卫，可是他们往往会尝到苦味，而后者因为并不注重于颜色，很看重现实，所以能尝到甜头。"直到今天，我仍牢记老教授的话。很庆幸自己当初上了如此重要的一课，使我从中学到了许多，也领悟到许多人生的感受。当我在面对人生的许多浮华时，我会毅然选择透明，选择平淡，选择现实。当我在面对各种诱惑时，我的内心却很沉静，似乎始终有个声音在告诉我，它是一杯黄色的水，放弃它，你就会快乐。当我在遇到困难时，又有个声音在告诉我，这是白水，现在没有味道，你努力过后，它就会变得很甜，加油吧，年轻人！胜利将属于你。

面对困难，逃避不一定躲得过，面对不一定最难受。面对感情，孤独不一定不快乐，得到不一定能长久。面对得失，失去不一定不再有，转身不一定最软弱。放弃黄水，选择白水，幸福从此由你抒写。

26

二、人生的责任感

维克多·费兰克说：每个人都被生命询问，而他只有用自己的生命才能回答此问题；只有以"负责"来答复生命。因此，"能够负责"是人类存在最重要的本质。

一天，爸爸微笑着对 5 岁的小男孩儿说："明天我就要离开这里，去一个很远的地方。不过你不要担心，等到苹果树结果的时候，爸爸就会回来了。"小男孩儿拉着妈妈的手，看着爸爸远去的身影。

小男孩儿一直牢记着爸爸对他说过的话。于是，他每天都细心地给树浇水、杀虫，老树枝繁叶茂，还有着粗壮的身躯。每每安静下来，小男孩儿都会对老树说悄悄话，希望它快些结果，这样的话，爸爸就会回到他和妈妈的身边。

第一年，老树没有结果，小男孩儿也从秋天哭到了冬天，但是他依然坚信，老树明年一定会结果。他继续一如继往地照料着这棵老树。时间慢慢地流淌，小男孩儿也渐渐地长大了，他的心中依然充满希望，然而，老树依然没有结果。他成人的那一天，母亲把他叫到身边，把爸爸的事情讲述给他。知道了一切真相之后，只见男孩儿拎起了斧头将那苹果树砍倒在地。此时的他，几乎崩溃了。

他所有的希望、一切的精神寄托在此时化为虚无，当他沉浸在无尽的痛苦之中时，又一个不幸的事情发生了，他挚爱的母亲遭遇了车祸。他无法忘记母亲临死前看着自己的神情，那里面有太多的不甘心、悲苦以及死不瞑目。

从此，男孩儿关注一切有关雕塑家的报道。他只身一人来到法国，他要找到那个负心之人，他要让那个雕塑家身败名裂，当着众人的面，揭穿他的丑恶行径，给母亲讨回公道。

当他迈着坚定的步伐走进展厅时，与那双眼神交会了。那张布满皱纹的面孔老态龙钟，写满了沧桑。只见老人的神情由感慨变为震惊最后又明显地激动起来，很显然，他认出了自己的儿子。这时，他们之间出现了一个坐轮椅的女人。只见他的父亲在女人脸上吻了一下，便推着轮椅走向了远方。男孩儿从其他宾客的谈论中得知了一切，当时，爸爸是在怎样的心情之下，痛苦地舍弃了爱情，毅然地承担起照顾伤残妻子的身体。他在自己与母亲的面前，是不负责任的，是有过错的。但是，

27

他在他的家人面前却又是如此完美，难道自己真的要将这份平静打破吗？此时，男孩儿的心情异常矛盾，是让这位老人痛苦，还是要让这一切归于平静，保持那种幸福的状态。带着复杂的心情，他悄悄地离开了展会。

几年后，老人在美国的一个小城去世，他的遗体停在医院中，等待他的亲人从法国飞来安葬。男孩儿没有勇气接受这个事实，他离开医院，踉踉跄跄地向家中走去。到家门口，有好多人围观，其中还有人说要用千万元将这个宅子买下，他感觉这些人莫名奇妙。他走进家里，将门从里面锁上。独自一人坐在院中的小石椅上，当他习惯性地看向老树时，他惊呆了。那个老树根被一件精美的雕塑所取代，只见一个大花篮中摆放着各种水果，惟妙惟肖。

他终于明白，父亲是用自己全部的心力在雕塑它，他生命中最后的时刻，是幸福的，是承担起责任的幸福。他最终还是回到了这个小院，而且也使老树结了累累的果实。

人一旦受到责任感的驱使，就会创造出惊人的奇迹。就如故事中的老雕塑家一样，虽然生命垂危，他依然信心百倍，正是他的责任心，使他充满动力，充满热情地去完成生命之中最后的作品。

三、创新能力

伟大的科学家爱因思坦曾说："想象力比知识更重要，因为知识是有限的，而想象力概括着世界上的一切，推动着进步，并且是知识进步的源泉。"

一身灰黑颜色的衣服伴随着蜘蛛世世代代。这些蜘蛛老前辈们总是对下一代谆谆教诲、百般告诫地说："孩子们呀！虽然我们这身衣服并不美观，可是它可以成为我们的保护色，便于我们隐藏在一个不被猎物发现的地方。如果想要不饿着肚皮的话，你们就别惦记那些漂亮的衣服。如果想漂亮，你们就会饿肚子，况且你们根本没有长蝴蝶那样美丽的翅膀。"

于是，蜘蛛家族的成员长久以来都很听长辈的话。它们穿着又灰又黑的衣服，

在自己织成的网上按部就班地守着猎物，它们一动不动地等待着粗心大意的猎物落网。可是，有几只小家伙根本抗拒不了美丽的诱惑，它们把自己打扮得像个花蝴蝶，各个花枝招展，那原本笨重的灰衣服早就丢弃了，它们十分开心快乐地享受着美丽带给它们的美妙感觉。

一些富有经验的老蜘蛛看到它们的变化，急忙召开大会，警告其他的蜘蛛说："别看它们现在这样张扬，以后肯定要吃大亏的。你们就等着看吧！孩子们，你们千万别学它们的样儿！"

结果大相径庭，这些打扮漂亮的蜘蛛不仅没有挨饿，而且还有比较富足的储备。那些老蜘蛛的话语失灵了。这身花衣服为它们吸引了好多食物，因为，森林里的许多虫子都把它们看成了美丽的鲜花。

当然，我们应该尊重传统，可这并不意味着一成不变。我们要变革更要创新，只有不断创新，人类社会才能向前进步，向前发展。很多时候，看似很坏的事情，没准儿还会变成好事儿呢！

提起苍蝇，人们深恶痛绝，认为它肮脏，一定要消灭它。

第一次世界大战期间，由于医疗条件很差，许多伤兵得不到及时的医疗处理，最基本的包扎、消炎都来不及。至此，一些伤兵的创口被绿头蝇下了卵，生蛆的伤口很恶心。然而，没多久，伤兵的创口竟奇迹般地愈合了，他们非但没发烧，更没有感染。这种现象，着实让医生困惑了许久。

于是，有位细心的医生开始着手研究。最后，他们发现，苍蝇有着极强的抗菌功能。

在英国伦敦，有一位生病长期卧床的老人，他身上遍布大面积的褥疮，试用了各种药物，均无疗效，医院束手无策。于是，这位细心的医生把他研究的"蝇蛆疗法"理论应用于老人身上，就像在战争时他所观察到的状况去处理。结果，老人的褥疮腐肉被蛆虫一扫而光，他的伤口很快愈合了。

古时候，有人种葫芦，最后，长出了一个非常大的葫芦。因为他们一般是用它

29

来盛酒水或者液体的，所以出现这么一个大葫芦，他反倒不知如何是好了。如果用它来装满水一定会炸裂，如果把它锯开，用其中的一半当瓢舀水使用，又没有那么大的缸，他很是苦恼。后来，一位智者告诉他说，你就只知道把水装在里面，为什么不去用水承载它呢？把它放在河中当船用不是很好吗？

苍蝇有害，却可以变害为宝；大葫芦盛不了水，反过来用水承载它，化废为用。何乐而不为呢？

让我们勇于实现自己的新想法，让我们的想象力发挥到极致。

四、人生的巅峰

一位登山新手，想度过一个难忘的生日。在他 25 岁生日之际，做了个决定：挑战瑞士境内的阿尔卑斯山。在他的登山历程中，从来没有攀登过真正意义上的高山。所以，这一次他邀请了两名经验丰富的向导陪同。

不知过了多长时间，他们攀过一段又一段危险而又陡峭的山路。因为有两位优秀向导一个在前一个在后保护着他，所以，他并没有感觉到自己的处境有多么危险。

随着时间的推移，筋疲力尽的他们又攀登了很长的山路，就在他们气喘吁吁之时，顶峰豁然展现在眼前。这位新手三步并作两步迅速向前冲去，他想第一个站到山巅之上，好享受山高我为峰的美妙感觉。只见两位向导将身体挪向一边，让小伙子走在了最前面。这时，爬到峰顶的年轻登山者，在荣誉这种魔法的驱使之下，竟然兴奋地跳起来，为自己的胜利而欢呼。完全忘记了山峰上随时可能刮起猛烈的风。说时迟那时快，一位向导急忙赶上前来，一把把他拉倒在地。他厉声说道："快！马上跪下。你要知道，此时此刻，你除了跪在地上，没有任何姿势是安全的！"

大多时候，人们喜欢享受无尽的成功与荣耀带给人的快感。然而，这些时候，恰恰是人们最容易在狂风之中被吹落之时。生活之中，有太多的人曾站在成功的顶端，他们表现出志得意满的神情，仿佛天下美景尽在自己眼底，然而，一个不小心，就会跌落谷底，摔得粉身碎骨而不自知。获得成功对于人们来说，是件简单的事情。可是想要保持一份长久的成功，却是件十分艰难的事情。因为，你是不能永远站在巅峰的。

刘墉曾说过："当你站在这个山头，觉得另一座山头更高更美，而想攀上去的时候，你第一件要做的事，就是走下这个山头。"

人们在攀爬胜利之塔的过程之中，都会感觉走不下去，也曾经迷茫过，可是，当你爬到胜利之塔的顶端时，这些惶恐与迷茫却如影随形地跟随在短暂的胜利快感之后。特别是当人的内心被失落感长期盘踞时，便会有一种阴影形成。此时，你是要再换一座胜利之塔攀爬呢？还是继续留在塔顶呢？

现在的你，无论是多么风光，无论是多么有成就，请你真诚地问问你自己，你要的是这些吗？假如并不是这些的话，你所处的位置再高，也仍然不会使你觉得快乐。

只有站在你想站的山头，你才会感觉到真正的快乐，同时，不要忘记再从山顶走下来。因为，高处不胜寒。既然不可以停留在山顶，那为何当初如此大费周章地走上山顶呢？

因为，只有身处高处才能看到低处的一切，处在低处，永远不会看到高处风景的美好。所以，人才会不断地爬一座又一座的高山，领略一道又一道人生美丽的风景。

上山容易下山难。当到达山巅之时，可以一览众山小。然而，即使风景再美，也只是暂时的，不能长久地欣赏，更不可能永远在这里驻足。

五、改变优势

小男孩儿从小就有一个愿望，就是长大了当一名柔道运动员。然而，不幸的是他在10岁那一年发生了车祸，从此失去了左臂，他学柔道的梦想破灭了。

幸运的是，他的父母经过四处奔波与努力，终于给小男孩儿找了一位日本非常出色的柔道大师做师傅，当小男孩儿开始学习柔道时十分认真，他细心地练好每一

个动作，师傅夸他学得不错，他很开心。小男孩儿仍旧刻苦地训练，然而他练了三个月，却一直是一个招式，他有些不明白师傅为什么只教了他一招。

一天，小男孩儿终于忍不住问老师："我是否应该再学习其他招式？"

只见师傅镇定地回答："是的，我确实只教给你一招，但这一招足够确保你取得胜利了。"

当时，这个小男孩儿并不理解师傅所说的意思，但他完全相信自己的师傅，仍旧一如既往地练习下去。

过了一段时间，小男孩儿要出去参赛了，这是师傅第一次带他参加比赛。在比赛的过程中，令小男孩儿惊讶的是，他自己都没有想到竟然轻轻松松地就赢了前两轮的比赛。到了第三轮，虽然稍微有点儿艰难，可是最后对手还是落败了。尽管对手每个招式都很快，但是由于他的急躁，连连进攻，沉着应对的小男孩儿敏捷地使出自己的那一招，他又赢了。不知不觉，这个小男孩儿进入了决赛。

比赛场上，小男孩儿看到与自己决赛的对手十分高大，比自己强壮许多，比自己更有经验。看到这儿，他有些力不从心，并显得有点儿招架不住，而在场的裁判更加担心小男孩儿会受伤，于是叫了暂停，他本打算将比赛终止，可是小男孩儿的师傅却坚决不同意终止比赛，他坚定自若地说："请继续进行比赛。"

一场令人担忧的比赛再次重新开始，那高大的对手似乎放松了警惕，这时，坚强的小男孩儿开始使出他的那一招，仅仅通过这一招，他便制服了对手，终于赢得了比赛，获得了冠军。

他和师傅走在回家的路上，他们一起谈论着每场比赛的每一个细节，他们仔细地回顾着，突然小男孩儿鼓起勇气，说出他心理的疑问："师傅，我不懂的是，为什么我只用了一招就赢得了冠军？"

"这其中有两个原因：其一，这一招是柔道中最难的一招，而它却被你掌握了；其二，凭我多年的经验，要想对付你这一招唯一的办法是对手抓住你的左臂。"师傅语重心长地答道。

小男孩儿虽然失去了左臂，同时在我们常人看来他学习柔道是无论如何也办不到的事情，但是由于那位柔道师傅能从孩子的实际出发，因材施教，所以小男孩儿最大的劣势变成了最大的优势。

有的时候，人的劣势未必就是劣势，可能会成为优势。做任何事情，我们都不要想得太悲观，因为天无绝人之路。

六、因环境而改变

印度伟大的哲学家奥修在他的书中给我们讲过这样一件事。他说，对于一个人来说，当你正在站立时，有那么一个办法，我可以让你的左脚抬不起来。当他说这话时，有人认为他的想法太简单，而且还在笑话他，其中一个人反驳说：这脚长在我身上，是我自己的，你又怎么会让我抬不起来呢？这时，机智的奥修平静地对他说，首先请你把自己的右脚抬起来，这个人照办了，奥修又继续说，现在，请你不要放下你的右脚，然后再把你的左脚抬起来。可想而知，那个自以为是的人当然是做不到的。

有的时候，你是否总是自以为是地认为，你自己的条件有多么优越，你自己能够做得很多，也能得到许多。然而，环境有时候与你的想法相反时，你不应该继续坚持自己的观念不变，因为这样有可能使你陷入绝境。

有一片原始大森林，里面生长着秀美挺拔、郁郁葱葱的高大乔木，这里有叶形椭圆的楠木，有双生叶子的梓树，有可以提炼染料的栎树，还有可防虫蛀的樟树等等。这里的树木枝繁叶茂，能够遮天蔽日，令人望而生畏。

在这里，还生有一种善于跳跃的猿类，人们都叫它灵猿。它们世代生活在这片原始大森林里，这里是它们的乐园，它们在这里如鱼得水。不信您看，有几只快活无比的灵猿在这些又粗又直的乔木之间攀援，它们的动作既轻盈又敏捷。一会儿向上跳跃，一会儿又向下飘落，还不时抓住一根又一根的藤蔓来回飘荡，等到它们感觉玩儿累了，就会荡到一棵大树的树杈上小憩片刻。它们自在逍遥、怡然自得、嬉

戏玩耍的身影遍布在大森林各个角落之中，这种精灵神气活现，威风至极，它们俨然是这深山老林中的君王，没有其他生灵能够与它们抗衡。更奈何它们不得。由于身体十分灵巧的它们，偶尔会行踪不定，即使有像后羿一样高明的神射手，恐怕也没有办法去瞄准它。

可是，如果你将这群灵猿带到另外一个地方去生活，那里面荆棘丛生，四处是灌木丛，之前的状况就会消失得了无踪迹，一切都会变成另外一番景象。这片灌木丛里生有长刺的柘树、浑身布满棘刺的酸枣、有着酸苦味道的枳树等等。在这些浑身长刺的灌木丛中，这些动物再也不敢轻举妄动。在这里灵猿无树可攀，没有树枝可以用来跳跃，所以它们善于腾跃的本领根本没有办法得以施展。假若它们稍有行动，则会被尖刺扎得疼痛难忍，在这里，它们所处的环境可谓是危机四伏。鉴于此，这些生灵惟有选择小心谨慎，它们总是在林间东张西望，左顾右盼，战战兢兢地爬行。

同一种动物，把它们放在乔木林和灌木丛中的表现竟有着天壤之别。为什么会造成这种状况？它们并没有突然得了什么病，它们的筋骨也没有变得僵硬，仅仅是因为它们所处的环境改变了，它们的特长在这里无法得到发挥，更不能充分地施展其攀援腾越的本领，才会有如此的结果！

在这里，我们看到，不仅仅主观努力重要，客观的环境也十分重要。我们任何一种技能和技巧是否可以得到充分施展与发挥，客观环境的作用十分强大，可以说，它起着决定性的作用。

当你身处逆境时，会有惊人的适应环境的能力。你不但可以忍受不幸，同时也可以战胜不幸，相信在你的身上一定有着惊人的潜力，只要立志发挥它，就一定能渡过难关。

七、终身学习

社会的竞争就像一场马拉松比赛，别人都在飞奔，你自己怎么能停？所以"终身学习"已经成为十分迫切的需要。学习在我们年轻的时候可以陶冶我们的性情，增长我们的知识。到我们年老时，它又给我们以安慰和勉励。

当知识经济时代到来时，人们的社会竞争和个人发展对知识的依赖性增强，各行各业的成功人士都在不断地获取他们所需要的专业知识。在市场经济中，知识成为一种昂贵的商品，知识的有偿性和价值性广泛地被人们接受。知识就是黄金，知识就是优胜。

现在知识已经开始成为人谋生的手段。通过学习获得知识，已经变成一个人生存不可缺少的条件。随着人的生存质量、生存品味的提高，知识成为提升一个人生存品质的重要手段。有时，知识会改变一个人的命运。

知识决定命运，一是指知识本身所具有的前所未有的巨大作用；另一方面，知识能够重塑人的性格，通过学习造就成功的人生。

马克吐温曾说："如果你不去学习，你永远不会做任何事情，只会找别人来替你做。"西汉扬雄认为："学者，所以修性也。视、听、言、貌、思，性所有也。学则正，否则邪。"在当前竞争日益加剧的社会，同行业间的竞争，就像武林高手过招，最终拼的是内功，是要依靠武学的修为和领悟来决定胜负的。因此竞争早就开始，比的是"准备"，比的是日积月累。

类似于这样的积累和准备，可以说是知识的积累和准备，也可以说是心态的准备、目标的准备和行动的准备（调整心态，明确目标，采取行动，都可以视作求知的一部分）。

同时，一个人不能为了读书而读书，读书的最终目的是为了在实际生活当中应用。萨迪曾说："有两种人是在白白地劳动和无谓地努力；一种是积累了财富而不去使用的人，另一种是学会了科学而不去应用的人。"生活中有不少人也经常在读书，甚至有的还自认为是博览群书、自命不凡，但是他们没能将所学的知识活学活用，尤其是在商品经济的大潮中，这群平时不注意接近现实，对外界知之甚少或者完全不知的人，其结果是书读了和没读没有太大的区别，有的还带来了害处。

　　学习就是创新。在学习中创新，在创新中学习，循环往复，不断进步。一如苏联科学家齐奥尔科夫斯基所言："我在发明创造中学习。"因此，广义地说，学习是创新的唯一途径，也是成功的唯一途径。

　　青年人需要把自己的精力与心思，放在学习与研究自己的人生之旅所需要的知识、学问与技能上面，这就是要"再教育"。如何使自己成为人才呢？首先就要弄清我们所要成为的"人才"到底有怎样的内涵？从经济层面看，人才就是特别为社会所需要的人。简单地说，社会需要两种以上知识相叠相补充的人。例如机械工业很有发展前途，但是现在在机械工业里，已大量介入电脑应用，机器配上电脑可以成为附加价值甚高的产品，因此其所需要的人才是既懂机械又懂电脑的人才，你若二者兼备，就是他们需要的人才，你的机会比只懂机械或电脑的人多。

　　终生学习在过去更是一种人生的修养，而在今日，它成为人生存的基本手段。近年来，新技术、新产品和新服务项目层出不穷，就业能力的要求随着技术进步的加速也在不断变化着，标准的提高，使得技术发展的要求与人们实际工作能力之间出现了差距。由此产生了一种相当普遍的社会现象：一方面失业在增加，另一方面又有许多工作岗位找不到合适的就业者；一方面争抢人才的大战异常激烈，另一方面又有大批在岗者被迫离开岗位。伴随着知识经济时代的来临，企业对劳动力不再只是数量需求，更重要的是对其质量有了新的标准和需求。强化知识更新，树立"终身受教育"的观念已成为时代的呼唤。

　　人的一生是一个逐步成长的过程。终身进行学习，是人在社会生存的最佳的选择。终生学习的思想突出了学习者的中心位置，突出了学习与人的生命共始终。

八、想象的翅膀

　　爱因斯坦曾说："想象力比知识更重要，因为知识是有限的，而想象力概括着世界上的一切，推动着进步，并且是知识进步的源泉。"生活被琐碎的事情遮住了。我们活着，可是我们并不是每时每刻对生活及生命有所体验的。相反，我们思索的时候很少。更多的时候，我们倒像无生命的机器一样活着，更别提去放飞想象的翅膀了。

什么是想象？想象是绿叶对根的情意，是种子对春天的呼唤，是鸟儿对蓝天的向往，是鱼儿对大海的企盼。想象如飘浮天边的云彩，可望而不可即；想象如环绕的朦胧薄雾，近在眼前却捉不到它；想象如美丽的月亮，给人美好的希望，却又无法把玩，任那思绪缥缈在心灵的深处。想象不是现实，而又切实存在，它有一种让人向上的动力，把它变成现实的动力。

艺术家不能离开想象，艺术因为有了想象而变得充满活力。想象是一位妙龄少女，让艺术家为之倾倒，让观众为之着迷。想象光顾李白，才会有飞流直下三千尺的美丽诗句；想象赋予俞伯牙、钟子期，才有了高山流水觅知音的境界。想象的土壤在哪里，艺术之花就在哪里生长。它无影无形，人们看不见摸不着。想象似乎在和人们捉迷藏：它在美丽的诗篇里，它在神秘的童话里，它在画家的色彩里，它在音乐家的音符里，它在千古的石窟里，它在科学家的实验室里……

在科学的世界里不能没有想象，它是科学的幸运星。人类有伟大的想象，才会有伟大的作品、有伟大的奇迹。金字塔、万里长城、空中花园都有想象的功劳，让人类的智慧得以结晶。如果没有古人对未知的渴望与想象，就不会有今天的望远镜，将想象变为现实。史前的人类，对未来充满了信心和勇气，在跌跌撞撞中走到了科学文明繁荣的今天。

想象给人们指明了前进的方向，提供了前进的动力，给人类以希望。是什么支撑一位母亲几十年如一日含辛茹苦地抚育了一位有成就的儿子，答案毋庸置疑，当然是想象。在母亲孤助无援、伤心绝望时，她就想象着儿子光耀门楣的一天。又是什么支撑一位历经无数个酷暑严寒常年操作于田间的农夫，还是想象，当他不分黑天白夜劳作时，他想象着收获时的丰收景象，那一望无际的醉人的金黄。

人类如果没有想象，世界将不会有希望。幻想不等同于想象，空虚是幻想的代名词。

37

人是有灵魂的高级动物，这种灵魂可以称之为我们的精神世界。每个人都有自己独特的精神世界。但是无论什么样的精神世界，都不可以缺少像艺术家一样的激情。没有激情，生活犹如一潭死水，没有激情，工作停滞不前……

只要是人都会有"人逢喜事精神爽，闷在心头瞌睡多"的状态。康有为说过："开创则更定百度。尽涤旧习而气象维新；守成则安静无为，故纵脞废萎而百事隳坏。"所以，我们应该屏弃精神世界的垃圾，找回快乐精神的源泉，让想象的翅膀在希望中放飞。

九、唯一的生命

生命只有一次，而且是唯一的一次，何其珍贵。在每个人的人生旅途中，不会是永远平顺的，难免会遇到既伤心又痛苦的事情。比如：被最爱的人伤害或抛弃；至亲至爱的人发生不幸、走失、去世；被最值得信赖的朋友欺骗、出卖，被他落井下石；自身被重病缠身，不幸身体残疾等。面对这些无常，是选择死亡？还是为这仅有一次的生命努力地活下去呢？

无论面对什么样的状况，遇到什么样的事情，请你不要为轻生寻找任何冠冕堂皇的借口。如果在爱情中受伤，为了爱殉情有作用吗？如果身体有了残缺，死了就可以换来完整吗？如果亲人离去了，也要追随他们而去吗？你能让他们获得重生吗？如果你不堪忍受沉重的压力，选择死亡就是最大的解脱吗？这所有的一切都只能说明你的懦弱，在可以好好活着的时候选择死亡，是生命中最大的悲哀。你逃避现实，你没有勇气，你受到人们的鄙视。尽管生活中会有痛苦，但活着就是最大的乐趣。

曾经参加过一个聚会，记得聚会开始时，一位打扮美丽长相丑陋的老太太吸引了我，她坐在我的对面。吸引我的是她独特的气质，她仿佛是骄傲高贵的女王。旁边的朋友对我说："看见没，老得像个核桃皮似的，竟然还打扮得艳如桃花，真是可笑。"她的语气中无遮无拦地显示着蔑视与不屑。我无语，继续观察着这位特别

的老人，突然，我发现她的左臂不听使唤、扶在椅子把手上，还不停地颤抖。再看看她的手，犹如干燥的树皮，慢慢地从袖口伸出来。

尽管如此，不可否认的是，老太太十分用心地打扮过，而且格外精致，她的头发被盘成发髻，纹丝不乱。两只碧绿色的耳环闪动着波光，身穿暗红色光滑如水的裙子。再仔细看看，甚至连她那指甲也经过精心修剪，上面还涂着色彩，呈现薰衣草那淡淡的紫色。这时她也看向了我，我对她微微笑了笑，打了个无声的招呼。但又想说些什么，于是刚刚说了个"您"字，便不由自主地把目光落在她发抖的手臂上。

老人咧开涂了口红的嘴，面带愉悦的表情，虽然有些丑，却显得十分和善。她慢条斯理地对我说："在两年以前，我不幸地患上了帕金森病，它是一种常见于老年人的神经系统变性疾病。"之后，她用十分柔和的目光凝视着我说："在你看来，是不是感觉我很可怜？"

我诚恳地摇了摇头说："我认为您并不可怜，因为您这样精心打扮，不会是您自己独立完成的，您的身边一定有人专门伺候，所以说，您并不孤单，不应该是可怜的人。"

"在你们看来，我是不是很丑，根本就不应该如此地卖弄？"

这时我无语。似乎装扮的美丽与相貌的丑陋并不搭界。我突然想到自己，我也会有变丑、变老、变得身残体弱的一天，到那时我会不会自暴自弃呢？那位令人尊敬的老人但笑不语，她不再解释，显得云淡风轻。

传说中蜗牛是没有壳的。它们只有软绵绵的身体，并且嘴上还长出了丑陋的触须，其他动物都对它嗤之以鼻。可怜的蜗牛爬到上帝那里去，希望上帝能够赐给它一个壳。

那为什么蜗牛要装上美丽的壳呢？难道它这不是在虚伪地自欺欺人吗？

而它则沉思片刻，然后庄严地回答说："我是为了这仅有的一次生命。"

之后许久，我都会想起那个老太太，更加对她肃然起敬，尽管已经淡忘了她的

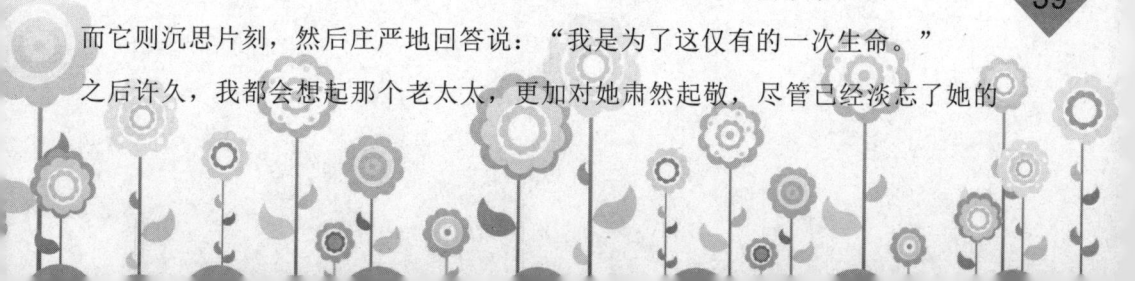

容颜。

在这个世界上，还有什么比生命更珍贵的呢？为了我们这仅有的一次生命，难道就不应该活得漂漂亮亮的吗？

无论多么痛苦，无论多么悲伤，只要能够活下去，一切都会好起来。不但要活得有生气，活得有骨气，活得有志气，还要活得漂亮！

第三章　人生奉献

一、人生感言

有位老先生得知自己将不久于人世，他在日记中这样写道："如果我重新活一次，我一定凡事不求十分完美，我要争取犯更多的错误。

"对于处世我会糊涂一点，我宁愿过随遇而安的生活，这样我就会多一些休息的时间。不会处心积虑地计算着事情。说实话，在这个人世间并没有什么事情需要斤斤计较的。以前我活得太小心了，任何时候都不容许自己有什么闪失。此时此刻，我非常后悔。过去，怕健康有问题，所以不敢吃凉的东西，如果可以的话，我都想体验一次。我也想去很多地方旅行，即使有危险，需要跋山涉水，我也不怕。为什么要活得那么清醒明白呢？

"假如可以重过一生，我不会万事都准备妥当再采取行动。比如说上街，也许我连纸巾都不会带一块，生命的每一分、每一秒我都会尽情地享受。假如可以重过一生，我会尽性地玩儿上整夜，还会赤足走在户外，美美地感受世界的静美与和谐。还有，我会陪家人去游乐园多玩几圈木马，享受几次日出，也会与公园里的小朋友一同玩耍。

"假如一切可以重来。然而，我知道，这一切都是不可能了。"正是有太多的人慨叹自己的一生，才会给生者以警醒，让人们珍惜生命，珍视生活。

对于我们每个人来说，生命是尤为珍贵的。它时而坚强，时而脆弱。生命给每个人的机会只有一次，所以说它很公平，因为每个人拥有的都是同样的东西。

41

首先，要感谢父母给你生命。如果没有父亲那宽阔的胸膛和结实的肩膀来支撑整个家庭，没有母亲用她那无私的爱和乳汁哺育你，就不会有你的今天，是他们呵护了你的生命。他们给予儿女的爱，是不求回报的爱、是无私的爱。

当遇到困难时，当灰心失落时，当受伤生病时，站在你身边陪伴你的永远是父母。他们给你的，永远是最亲切的一面。你可以像只温顺的小猫在他们无限温暖和安全的怀抱里蜷缩，在那个港湾里你可以无所顾忌地沉沉睡去。

生命之中，感谢陪伴你走过不同时期的每一个朋友。有了他们，才使得你在慢慢成长的过程中，不再感觉到孤单。他们关心的话语让你感觉到了温馨，他们的祝福让你感觉到了幸福，请你用真心去对待身边的每一个朋友。不要让他感觉到受束缚，要给彼此独立的空间，对他也不要有过多的要求。时刻记住他对你的好，当你忧郁时，是谁在静静地听你诉说无尽的烦恼；当你心情很糟时，又是谁在给你指明方向，让你从容面对困难，请你珍惜友情。

生命之中，感谢曾经伤过你的人。在当时，他们是你的"敌人"。你不喜欢他们，可是你仍然要感谢他们。他们像诤友一样，指出了你的缺点和不足，是他们让你看到了自己的弱点，也是他们让你充满了斗志，是他们让你迅速地成长，是他们让你在激烈的竞争中占得一席之地，是他们让你进步，也是他们催你向前，请向你的"敌人"说声谢谢。

父母是我们受伤时的避难所，朋友是我们忧郁时的阳光，敌人则是我们生活中的镜子。

感谢生命，是它带给我们无限的快乐；感谢生命，是它带给我们偶尔的忧郁；感谢生命，是它带给我们无边的伤痛；感谢生命，是它给予我们一切生的美好。

二、做个需要的人

42

记得小时候，奶奶经常会给我讲这样一个故事。

传说，有一个磨坊主居住在阿迪河畔，可以说他是全英格兰最快乐的一个人。

让你更快乐

每天从早到晚，他总是忙忙碌碌的，虽然生活过得有些艰难，但是他仍不会忘记自娱自乐，每天他都像百灵一样欢快地歌唱着。他具有乐于助人的品格，对待生活他很乐观，为人豁达，使得整个农场的人都被他的快乐所感染。凡是人们遇到了不开心或比较困扰的事情时都会用他的方式来调适自己的生活。在这里，到处充满了欢声笑语。

一天，国王听到了这个消息。他心里暗想：农民，一个既贫穷而又低贱的人，他又怎么会拥有那么多的欢乐呢？首先，生活困苦一定会需要财富。其次，田地贫瘠就一定需要沃土。最后，生活劳累就一定需要轻松。于是，国王打算拜访这个磨坊主，看个究竟。国王刚要走进磨坊，就听到磨坊主在唱："普天之下，任何人我都不羡慕，我只要有一把火就会给人一点儿热。因为我热爱劳动，所以我拥有健康；因为我拥有幸福的家庭，我开心快乐，所以我不需要任何人的施舍，我要多幸福就有多幸福。"国王走进屋内说："我们要是能够调换一下位置就好了，我很羡慕你，特别希望像你一样无忧无虑地生活。"磨坊主答道："如果能换的话，我也不会和你交换。你只知道索取，从来不知道付出。你向来需要，从不被需要。我之所以能够自食其力，是因为有人需要我的照顾，我的妻子、我的孩子，他们需要我的关心。这个磨坊要由我来经营着，而我的那些邻居也需要我帮助他们。我爱他们，他们也很爱我，这使我很快乐。"这时，国王又问道："现在你还需要什么？"磨坊主回答道："只要别人更多地需要我，我就心满意足了。"国王说："如果有更多的人像你一样，那么世界有多美好啊！"

大学时，我是个铁杆球迷。什么乒乓球、篮球、足球、网球……只要校园里有赛事，我都会踊跃去看，并充当拉拉队的主力队员。每逢周末，都会去体育馆观看那些男生打篮球。时间久了，我有个发现，就是每次我总会看到有一个衣着朴素的老头儿，静静地站在场外看他们打球，起初，我还以为他是馆里的清洁工。

当那些"帅哥"把球打出界时，那位老先生就会自告奋勇地帮他们把球捡起来，根本就不用他们说"劳驾"就微笑着把球递给他们。开始时一次两次，后来就八次十次，老师傅不厌其烦地给他们捡球，似乎老人家捡球的次数越多他反而越高兴。

有那么一次，"帅哥"们打完球后，走向那位老师傅并且问他："需要点什么，想请你喝杯可乐。"他微笑地回答说："能够被你们需要就是我最大的需要。我希望你们把捡球的机会给我。当我感觉自己还能为别人做点什么事情时，就非常地开心高兴，整个人似乎也年轻了几岁。"从这以后，每当我去观看他们打球时，都能看到老人那满足而开心的样子。一次，参加主题为"关于人生的价值"讲座时，其中的一位发言者引起了我的注意，总是有种似曾相识的感觉。后来我才发现，那位主讲人就是在体育馆里帮"帅哥"们捡球的老头儿，后来才知道，他竟是我们学校的老校长！当时，我的心里很受感动。

通过以上两个故事，大家知道在人生道路上，什么才是最大的需要吗？什么才是最有价值的？我想，不是权利力、金钱、美女、香车乃至一切身外之物，而是被别人需要。只有被别人需要，我们的快乐之水才会源源不断地流淌、快乐之树才会永远常青。索取体现为一种需要，而忘我的付出和满足则体现为被需要，我们不但要去实现社会价值和个人价值，而且要懂得付出，因为，它会带给我们意想不到的欢乐。在与人交往中，我们要多给他人以鼓励、帮助和掌声，不要担心因为你的付出而使它减少，相反，你给别人的越多，你自己得到的就越多。生活中，为什么会有许多人被我们铭记在心，因为他们时刻让自己被需要。

当我们刻意追求快乐时，也许它就像是天上的彩虹，虽然看起来光华夺目，但只是一瞬间的美丽，没有持久性。我们只有在生活中不断地去满足别人，或者服务于社会，这样才会让我们有意想不到的收获。

三、团结合作的精神

在《动物世界》里曾经看到过这样一幅画面：海鸥悠然自得地漂浮在水面上，有的游泳，有的觅食，有的自由自在地飞翔在天空，有的俯视礁石嶙峋的海港……其中有一只海鸥突然像离弦的箭，在空中直入海面，转瞬又腾空而起，它捕捉到了一条鱼。然后，它拍打着强劲的双翼，越升越高，直到高过其他海鸟，然后滑翔出

一个个美丽的弧线。

不幸的场面到来了，其他海鸥蜂拥而至，它们完全变了个样子，所有的优雅变为肮脏的内斗与残忍。它们用爪子和嘴猛烈地攻击它，激起散落的羽毛和愤怒的尖叫，直到把它嘴中的食物抢得一干二净才肯罢休。或许在海鸥之间没有和平可言，它们之间没有分享与礼貌的概念，有的只是无穷的嫉妒和永无休止的竞争。看到这儿，我的心不寒而栗。

小的时候，总是能够看到天空中的大雁一会儿排成"一"字形，一会儿又排成"V"字形，心里在想，它们是怎么做到的呢？排列得那样整齐、有序。长大以后，科学家告诉我们，在雁阵中排成"V"字形的飞行速度要比单飞高出71%。而领头的大雁，它的任务是最艰巨的，因为它需要承受的空气阻力是最大的，所以每隔几分钟就要轮换领头的大雁，这样可以保证雁群长距离的飞行而无需休息。

病弱和衰老的大雁会处于雁阵的尾部，因为这两个位置最为轻松。一些强健的大雁会充当主要的角色，占据一些重要的位置。雁阵会不停地鸣叫，主要目的是用以鼓励落后的同伴。假若有的大雁过于疲劳、生病而掉队，雁群绝不会抛弃它。这时，会有一只健康的大雁来陪伴这只掉队的同伴，一直等到它能继续飞行。

假如选一种鸟作为我们人类社会楷模的话，大雁无疑是个好选择。我们的社会需要一个紧密合作的秩序，更需要一种生存与健康共同发展的秩序。

无论身处何方，也无论是在学习、工作还是生活之中，你都不可能孤立地去做事情。小到个人，大到国家，都不能失去团结合作的精神。

四、换个角度

李师傅特别喜欢牡丹花，他们家的庭内庭外都种满了牡丹花。一天，他摘了几朵送给一位老翁，老翁回到家后，很开心的把花插在了花瓶里。

第二天，有位邻居对老翁说："你看这些花，这不是代表着富贵不全嘛！每一朵都缺了几片花瓣。"

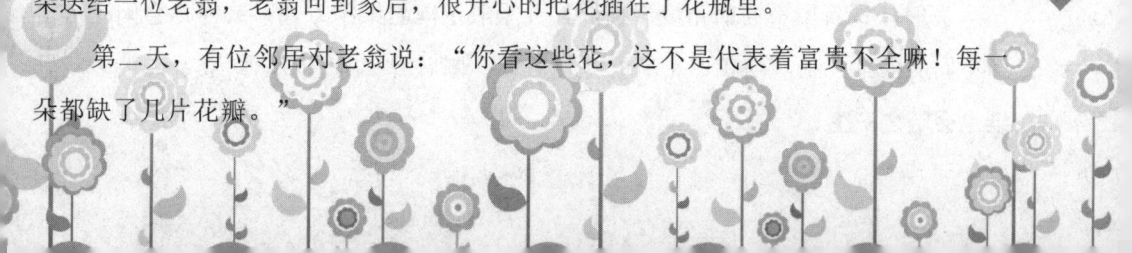

45

他听到这儿，心里越想越觉得不妥，决定把这些牡丹花全部还给李师傅。然后，他把关于富贵不全的事情说给李师傅听。

李师傅听后，禁不住笑说："它代表着富贵无边呀！牡丹花缺了几片花瓣。"这位老翁听后，也认为李师傅说的有道理。于是，他便多选了一些牡丹花，开心地拿走了。凡事多往积极的层面去想，这样你会发现生命充满朝气，无论遇到什么问题，都能顺利解决。

遇到困难的时候，不要钻牛角尖，把它当成是一次学习，一次人生的历练。改变思考问题的角度，然后做出切实的行动，你就会被成功拥抱。

凡事有喜就有悲，有离就有合，有快乐就有痛苦，有美丽就有丑陋。任何事物都具有两面性，原本是一件坏事，如果从另一角度去看，很有可能便是一件好事。因此，当你在遇到许多不如意、充满打击的事情时，试试换一个角度去看这个问题。只有这样，你的人生才会快乐和幸福。

由简入奢易，由奢入简难。从简单到复杂往往很难，从复杂到简单往往很容易。这正应了知易行难的道理。对于自己所熟悉的，人们往往表现得很习惯。因为，这些人们所擅长的领域，也是由简单到复杂，从一点一滴做起的，所以，他们会感觉到游刃有余、应付自如。有时，做一件复杂的事情难度会越来越大，说不定在某个环节，就会有人轻易地放弃。可是，从另外一个角度去思考，从复杂到简单地做事，这件事情就会越来越容易，还会收到意想不到的效果。

确实有许多事情，看起来很难做到。可是这并不代表着绝对做不到，只要我们摆脱对客观事物的主观臆断，并且努力去做了，我们就会明白，有些"不可思议"的事情，做起来却如此简单。

真正拥有智慧的人，不会与不同角度的人争吵，因为他知道每个人所处的立场都不相同，所以说话的方式当然也会有所不同。

有时候试着用不同的角度看问题，并采取逆向思维的方式，或许你会因此有很多不同的创意产生，当我们正着看、反着看、侧着看、坐着看、站着看，很多新思维也会随之产生。

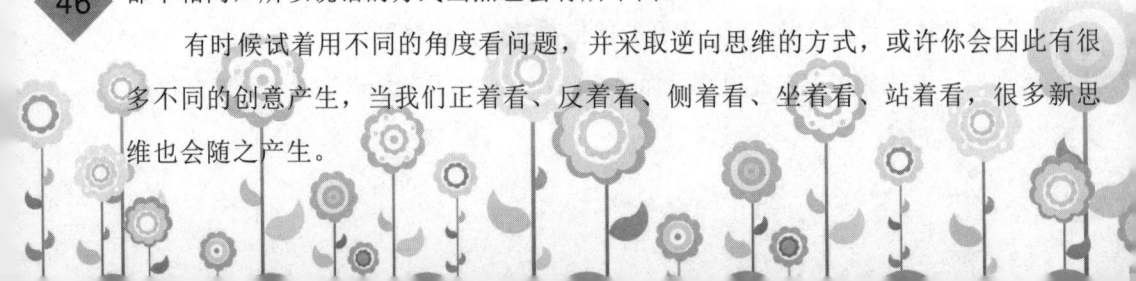

五、不勤思考终将一事无成

在一个农场里，一只漂亮、美丽的小鸭子在父母的娇宠中长大。父母对它的爱可谓是倾其所有，从没有让它吃过亏、受过伤，而且也会阻止别人去招惹它们可爱的宝贝，绝不会允许别人欺负它。它就这样从咿呀学语成长到一只成熟的、羽翼丰满的鸭子。直到有一天，农场主对它说，我带你出去见见世面，你想去吗？小鸭子非常开心地答应了。

那是一个热闹非凡的集市，小鸭子用它那好奇的目光打量着这个精彩神秘的世界，有许多人都非常喜欢它。有一位老人对它感兴趣，只见他和主人问了一些事情，最后，小鸭子的新主人就是这位慈眉善目的老人了。它在心里天真地想，一定是我十分听话并且温驯，所以主人喜欢我，从小到大我就过着那种平凡的日子，从今天开始，我就会过一种全新幸福的生活了。可是它并不知道大祸即将临头，还在笼子里开心地做着美梦。自行车经过一座窄小的木桥时，桥上站满了人，十分拥挤，于是老人集中精力骑车。在这种情况下，小鸭子完全可以翻身跃到桥下的小河里，重新过那种自由自在的生活。然而它并没有这样做，它在幻想着成为主人的新宠，在想着自己终于摆脱了父母的叮咛，耳朵也会清静了，虽然小河近在眼前，但是这种新环境会让它感觉到无所适从，在它犹豫不决的过程中，主人已经通过了小木桥。可想而知，它最后的归宿就是新主人的厨房……

大家可否知道，这只小鸭子有多少次逃生的机会？

也许你会说："好像只有经过小河的那一次吧。"

朋友摇摇头说："不对，正确的答案是没有。"

从开始到最后，这只小鸭子根本就没有逃生的机会。大家只不过是受了那条小河的诱导而已。

或许有人会感觉很奇怪，这是什么原因呢？

生活中，好多人都是温室里长大的花朵，就像小鸭子一样，它的理想是什么呢？

47

无非是吃好、喝好、玩儿好、乐好。睡觉睡到自然醒，数钱数到手抽筋，他们没有经历风雨的打磨，也不愿意去吃苦。他们遇到困难就逃避，对同伴没有一丝的同情之心，甚至还会打击贬低他们，而对给他施舍的人巴结讨好，这种人心中没有任何生活的信念，没有激情，有的只是异想天开，当然他们是永远学不会创新的。而那鸭子主人的算盘又是什么呢？他就是想花最少的代价把它养大，然后让它增值去获得高额的利润。尽管他们也喜欢鸭子的温驯，却更喜欢将它出手后的效益。

不勤思考终将一事无成，成为别人手中的棋子。

不劳而获终将机关算尽，甚至付出生命的代价。

六、乐观的生活

在这个世界上，没有完全相同的两片叶子。两个人，即使他们所处的环境、生活、事业没有什么差别，他们面对生活的态度也会有所不同。有的人乐观一生，有的人悲观一生。快乐和痛苦是一对孪生兄弟，不同的只是在于你的选择。乐观者在每次危难中都看到了机会，而悲观的人在每个机会中都看到了危难。

有一对孪生兄弟，他们的性格有着明显的不同。其中一位过分乐观，而另一位则过分悲观。父亲为了使两个孩子的性格能够平衡一下，于是他想了一个办法。一天，他给悲观的孩子买了许多色彩鲜艳的新玩具，然后，把那个乐观的孩子送进了一间堆满马粪的马房里。

到了第二天清早，父亲想看看两个儿子的表现，他首先听到不远处传来了哭声。待他走近一看，原来是悲观的孩子正泣不成声，他细心地问儿子："你为什么哭呢？怎么不玩玩具？"孩子委屈地答道："要是玩儿坏了怎么办？"

这位父亲无奈地叹了口气。当他走近马房，发现那乐观的孩子正兴高采烈地在马粪里玩儿得不亦乐乎。

"爸爸、爸爸，我有好消息要告诉你。"只见那孩子得意洋洋地向父亲宣称，"我感觉到马粪堆里一定还藏着一匹小马呢！"这就是乐观者与悲观者之间的差别。

乐观者看到的是油炸圈饼，悲观者看到的是一个窟窿。

也许，你常常希望改变一些不顺畅的环境，但其实，要改变的不是外在环境及条件，而是你的心态。

大雨过后，只见墙上有一张支离破碎的网，上面有一只蜘蛛艰难地爬着。雨后的墙面很湿，每当它爬到一定的高度时，就会毫无准备地掉下来，它一次次地爬上去，又一次次地掉下来。反反复复，周而复始。有三个人同时看到了这个场景：

第一个人叹了口气说："我和它一样，整日忙忙碌碌却无所作为。"以后，他日渐消沉，做什么事情都提不起兴趣。

第二个人说："它太顽固了，如果能够学会避实就虚，另辟蹊径，从干燥的墙上绕一下爬上去不就好了吗！"以后，他变得很聪明。

第三个人说："它屡败屡战、知难而上的精神是我应该学习的。"以后，无论他遇到什么困难，都从不退缩，勇往直前。

心外世界的大小并不重要，重要的是我们的内心世界。一个乐观、胸襟开阔的人，纵然住在狭小的监狱里，也能把小囚房变成大千世界；一个悲观、心胸狭小、不满现实的人，即使住在摩天大楼里，也会感到事事不能称心如意。正如无门禅师所说："春有百花秋有月，夏有凉风冬有雪；若无闲事挂心头，便是人间好时节。"

乐观是生活，悲观是生活，那么我们为何不选择乐观的生活，潇洒快乐地过一生呢？

七、将敌人变为朋友

感谢对手，是他们才让你活得更有朝气，是他们让你成长，也是他们让你取得一个又一个大的进步。对那些厌弃你的人回以感谢的微笑，并给予他们热情的拥抱。

最先灭绝的往往是那些没有天敌的动物，因为它们养尊处优。而那些经常腹

背受敌的动物则繁衍至今，因为它们生于忧患。在自然界中的这一生存法则，引用到人类社会，同样适用。任何一个物种都需要在一种既相互联系又相互制约的平衡环境中健康地发展。一旦失去了这种平衡，某个物种就会在毁灭其他物种的同时也渐渐地毁灭自己。因为它们处于不受制约的环境之中，产生了恶性膨胀的结果。每当我们回头审视自己所走过的路，你会惊奇地发现，能够真正促使你成功的人，不是让你过顺境和优裕生活的人，而是你的敌人，就是那些曾经厌弃过你的人。虽然他们伤害了你的自尊，并激起了你内心的抗争和生命的冲动，可正是有了和他们的这种较量，我们才会日渐成熟，慢慢成长。

一次，一位远房表弟告诉我，中专毕业的他被分配到县里的一家纺织厂工作。在厂里工作两年了，却一分钱工资也没有拿到。原来，他们厂一直处在停产状态，每天上班，只不过是到厂里闲转一下。对于这份半死不活的工作，他早就想不干了。然而，父母亲坚决不同意他辞职。他们认为，这可是铁饭碗，无论如何，也是经过十年寒窗好不容易才得到的。尽管现在没发工资，不等于将来也这样，要他耐心等待，国家会管这一切的。弟弟感觉十分困惑，一方面他没有充足的理由说服父母，另一方面又不想安于现状，这样消耗可贵的青春。

会下象棋的人都知道"棋逢对手，将遇良才"这句话。一个拥有盖世武功的人，如果他找不到合适的对手，也是一件可怕的事情。所以，真正的英雄是不会消灭对手的。所谓英雄相惜。不敢冒险，不敢接受任何挑战，安于现状，满足于既得利益，这样只能离成功越来越远。

美国总统林肯对待政敌的态度是："试图与自己的对手、敌人做朋友。"而有的人却批评他："你不应该这样对待他们，你应该想方法打击他们，消灭他们才对。"林肯却温和地说："当我使他们成为我的朋友的时候，政敌就不存在了。这不也是在消灭政敌吗？"将敌人变为朋友，就是一代总统用来除去政敌的方法。

人生之中，90%的成就都是你的敌人所促成的。因此，要紧紧地拥抱那些厌弃你的人，伤害你的人，让他们成为你的朋友，你的生活将会更加美好。

第四章 人生的善良

一、唤醒善良

在一个土地贫瘠的村庄里，人们世世代代都过着贫穷的生活，他们生活在水深火热之中。

离这个村不远有一条十分简易的公路，这条路路况不好，经过这里的车辆多多少少都会发生事故。一天，一位司机在这里发生了车祸，受伤很严重，他拦了一辆车就去了医院。车上的罐头滚落了一地，被这里的村民看到了。由于没有人看管货物，所以村民就将那些罐头偷偷地运回了家。连续许多天，每家每户都有美味可口的罐头吃。

经过这件事后，这里的村民受到了启发。他们心想，以后就可以靠这条路来吃饭了。以后，村民们时常在公路上来回转悠，他们希望还会有运载食物的车辆出事故，这样他们就可以乘机有所收获。

发生车祸也是有数的，村民们看着那些运载食物的车一辆辆经过，最终还是一无所获，时日久了，他们竟然感觉不甘心。于是，村民晚上用工具将公路路面挖得千疮百孔。这样导致许多车辆在这里出事故，由于路况十分差，即便经过这里的车子行进速度都非常缓慢，还是让这里的村民有机可乘，他们开始扒车，偷偷地从车斗里拿走一些他们需要的东西。

到了最后，村民们不再偷偷地拿，而是大摇大摆、明目张胆地强抢。一时间，这条公路成了最不安全的路段。

虽然警方出动警力破案，也抓住了几名强抢的村民，并将他们绳之以法。可是这并没有震慑住其他村民，作案分子反倒更加猖獗，变得更加机警，村民抢劫开始互有分工，谁来负责望风，谁来负责抢货物，谁来负责销毁罪证，让那些前来搜查的警察找不到物证。这令警察十分头疼、束手无策。这里的村民已经习惯了这种不劳而获的生活方式。

一年冬天，一辆运载着化学物品的货车从这里经过。这种化学物品外形和面粉无异，它是一种工业用淀粉，对人体有害。这一次，村民仍旧把车上的货物一抢而空， 年轻的司机意识到问题的严重性，他必须制止悲剧的发生。他跟进了村子，请求村民将货归还，可是没有人愿把到手的"美餐"交出去，他们矢口否认。尽管年轻人百般恳求还是没有奏效。于是，他告诉村民，那些是工业淀粉，有毒，吃了会死人。村民根本不相信他说的话。最后，没有办法，小伙子一家挨一家地登门解释，无奈至极，他向村民们下跪，请求他们不要食用毒淀粉。也许是他的执着，这里的村民开始将信将疑，有人拿它去喂鸡，结果，不一会儿鸡就死掉了。

村民们由震惊到被感动。是这位无私的小伙子拯救了他们的生命。他的善良、他的爱心、他的胸襟，使村民们自惭形秽，感动不已。

最后，他们物归原主。从这之后，这里再也没有发生过抢劫的事件，这个村附近的公路都太平了。曾经连警察的管制、政府的引导都未产生效果的事情，竟然被一个年轻司机的善良之跪、爱心之举，改变了一切。

通过这个故事，让我们知道有些习惯完全是可以改变的，这取决于一个人的内心，那种被唤醒的善念。在每个人的心里，都会有一根善良的弦，这根"弦"只有爱心才能拨动它。如果想要别人善良，你首先应该付出你的爱。即使遇到再恶的人，用你的爱，也能唤醒他的善良，让他摒除恶念。

二、贪婪的后果

老林和命运抗争了大半辈子，付出的汗水也不少，也曾努力地拼搏过。然而，到了花甲之年的他仍旧一无所成。儿女都远离他，从来不会回家看他。他每天喝好多的酒，喝过之后，倒在床上就睡。于是，他慨叹上天对他的不公，为什么不让他体会一次成功的喜悦。

老李与老林同岁，他们两人的生活状态却截然不同，可谓是天壤之别。他看上去精神矍铄，气宇轩昂。他每天早晨都会陪着老伴儿去公园散步，平时练练书法、看看书，不时还浪漫一次，一同去影院看电影，有时还会参加社区组织的一些活动，每逢周末，儿女都回到家和老两口儿团聚，一家人其乐融融。偶尔还会与同事会会面，与多年的友人小聚一下。他的生活中，充满了幸福与喜悦。

有一面镜子，可以使时光倒流，回到两人的年轻岁月。于是两位老人同时站在了镜前，在镜子上方左右两侧分别出现了两幅电影画面，往昔的一切历历在目。

时光回到了40年前，刚刚20岁的老林是一位帅气的阳光青年，他暗恋同学小美。小美是个惹人怜爱的好女孩儿，长相娇俏，性格讨巧。不幸的是，他有个情敌，那个人很有钱，长相也很帅气，待人既热情又真诚。为了战胜情敌，获得姑娘的欢心，他邀请那个人一起出去游玩。然而在去游玩的路上，他们发生了车祸，那个人的一条腿残疾了，而他只是一些轻伤。车祸是他设下的一个圈套，这一点他自己再清楚不过了。虽然后来他得到了姑娘的芳心，但一年未过，姑娘知道真相后离他而去。工作中，一次领导交给他一个任务，让他把公司的1000件货品发放到子公司，他却从公司取出了1500件，其余的500件据为己有。时间久了，他的贪婪行径被公司发现，将他辞退了。40岁时，他与一个再婚女人生活在一起，他们各自带着两个孩子。他对女人时时呵斥，更看不惯她带着的孩子，每天都会大声责骂他们。老林希望自己亲生的两个孩子每天能保持快乐的心情，每天都对他们保持微笑，然而两个孩子并不喜欢他。孩子在上大学后离开了他，回到他们母亲的身边。反观老李的20岁，他用自己的真诚与执着、温情与善良打动了姑娘，他们幸福地走进了婚姻的殿堂，随着时光的流逝，姑娘对老李的爱与日俱增。对待工作，老李勤勤恳恳，对于领导交给的每一项工作都认认真真完成，10年之中，有数次的晋升，在本行业之中也成为专家。为人父的他，总是尽可能抽出时间陪伴孩子们，他要与孩子们一同

53

成长，平时教给他们做人的道理，帮助他们解决成长的烦恼，孩子们很爱他。

故事讲到这里，你有什么样的感受呢？因为对爱情太过残忍，所以不能赢得完美的爱情；因为贪婪之心的蛊惑，断送了一个又一个机会；因为对家庭成员的苛刻与虚伪，失去了亲人对他应有的尊重与信任。

对别人是宽容还是苛责，对事情是热情还是冷漠，只在一念之间，而它却是决定人是否成功的关键。

三、善良是力量之花

有一位歌星，他唱的歌曲有着自己独特的风格。这种风格就是你对他提出的问题，他会以唱的方式来回答。记得曾经有人问他："如果有两个人同时掉到河里，一位是你的妈妈，另一位是你的妻子，你会先救谁呢？"当时，他的答案是犹豫和模棱两可的，我想，这个问题怎么回答，都不会很完美，都有错的成分。后来，在电视里看了一个访谈节目，我找到了答案。

那一期节目中，讲述的是在一个风和日丽的七月，有一个旅游团在竹排上游览，忽然，一个大浪向他们打来，十几名竹排上的游客都被巨浪卷到了水中。

游览的十多人中，有新婚的夫妇、有青年情侣、有女人还怀抱着孩子、有银婚的老夫妇，十分无奈的是，在竹排上的所有人中，只有一个人会游泳，那就是刚刚结婚的新郎。当竹排被打翻的时候，他出于本能，首先抓住了离自己最近的女人，还有孩子在女人的手里，她始终没有放手。

当他再一次跳下水时，他所能抓到的人获救。当第五个人被他救上后，他已是筋疲力尽，这时，再想想自己新婚的不会游泳的妻子，不知道已经飘往何方了，当妻子被打捞上来时，他们已是阴阳两隔。

谁能想到这次蜜月竟然成了他们的绝境之旅。事后，当主持人采访他时，问他说："你当时是怎么想的？你又为什么没选择去救自己的新婚妻子呢？"

或许他们想要的答案是：他的行为有多么的伟大多么的崇高，把别人的生命放

在第一位，它重于自己妻子的生命。令人惊讶的是，他回答说："我当时并没有想太多，甚至大脑是一片空白，但是我知道救一个是一个，当然是先救在我手边的了，难道我要抛弃这一个求救的人去游到远处找自己的妻子吗？我想这一切都是出于我自己的本能吧。"

高度经典的概括，它只是一种本能，一种善良的本能。他没有多崇高，只有救一条命是一条命，在人命关天的时刻，并不是课堂上那些理想所能教的，而是人性闪现出的动人的光辉。

一个4岁的小男孩儿被人贩子拐了。当他们在火车上时，这个小男孩儿并没有哭，而是一直叫人贩子叔叔，还不停地央求他讲故事给自己听。小男孩儿天真而又充满好奇地说："叔叔、叔叔，你的儿子是不是也让你讲故事给他听才肯睡觉呢？"

听到这，人贩子的心悸动了下。他想到了自己6岁的女儿，同样也会每天缠着他讲故事，自己也是为人夫为人父的人，刹那间，他似乎是良心发现。他做了个决定，要把孩子送回去。

这一次真是个意外，因为很少有人贩子的心是善良的。最后他投案自首了，有了他的供认，案子取得了突破性的进展，当破案后，其他案犯全是死刑，只有他被判了15年徒刑。

他的灵魂终于解脱了，是孩子给了他一条生路。确切地说，是他人性之中残存的那点儿善良救了他，是那点儿善良让他明白，最狠毒的人也会有软肋，也会有良心发现的时刻。

善良是一种发自内心的本能，它不需要你用条条框框去给它标榜，有多么伟大，多么崇高，它仅仅是人们心中那朵最美的力量之花。

四、走出"死胡同"

55

遇到问题时，用欣赏的眼光看待，往往会收到意想不到的效果。运用变换视角的思考方式，不要被旧有的思维模式所局限，让自己走进一条死胡同。

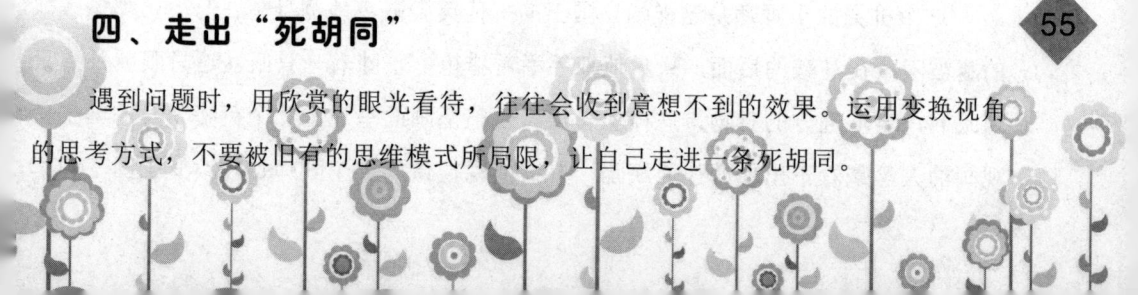

从前，有一个国王，他身有残疾。少了一只眼睛和一条腿。

一次，邻国向他进贡，送给国王一幅美女的画像。只见那画像上的女子娇艳迷人，超凡脱俗，原来人在画上也会如此得漂亮呢！国王在心里默想。突然，他心血来潮，也想让宫廷画师给自己画像。甲画师做事非常细心，中规中矩。他老老实实地画出了国王又瞎又瘸的本来面目。

当有人呈现给国王看后，他十分气愤，怒从心头起："他怎么把我画得如此丑陋，真是吃了熊心豹子胆了，真是可恶，真是该杀。"老实本分的甲画师就这样被国王无情地杀掉了。

第二天，国王又派人找来乙画师来给他画像。此前，那个同行的悲惨结局对于乙画师来说，算是有了前车之鉴，他再也不敢按照实际情况来描绘国王的缺陷了。只见那画布上画了一个双目炯炯有神、正目视前方、迈着矫健步伐的国王。乙画师心想，我给他画得这么完美，这回他总该满意了吧。当有人将画像呈现给国王看后，他十分震怒、大发雷霆，气愤地骂道："这怎么是我呢？你这可恶的家伙。"可想而知，他与甲画师一样，终究没有摆脱被杀死的命运。

国王仍旧不甘心，远近的画师也没有人再敢给国王画像了。一天，一个不知名的小画师自告奋勇地说，他可以给国王画像。其余的画师似乎松了一口气，都十分佩服他的胆识。同时，也很为他担心，想他怎么白白去送死呢！只见小画师十分耐心地画着，不知道过了几天，他终于完成了这幅画。立刻有人把画呈现给国王看，国王看后，奇迹出现了，只见国王那紧绷的脸变得柔和起来，最后他大声地笑了出来，并且夸奖小画师十分聪明。

人们发现，小画工的精明之处在于，他既没有像甲画师那样把国王的缺陷完全暴露出来，也不像乙画师那样不切实际地恣意描画。

这个机灵的小画师是这样描绘国王的：他英姿飒爽地侧身骑在马上，那条残缺的腿被隐藏在马鞍的后面，只见他双手举着猎枪，正眯着一只眼（这只眼就是那只瞎眼），瞄准远方的猎物。这样的布局，使整幅画面呈现出一个英姿勃发的国王。观画的人丝毫看不出他的任何缺陷，有谁能说他像第二个画师那样改变了国王的本

来面目呢？

最后，丑陋的国王再无任何的挑剔，毫不吝啬地奖励了这个机灵的小画师。

有的时候，我们的失败是败在了思维定式上。走出思维定式的"死胡同"，你就能够获得成功。

五、尊重别人

有一位出租车司机发现有顾客把钱包遗失在他的车里后，他马上去各报纸登出招领启事，还因此耽搁了他几天的出车时间。那钱包里有两万多元，也是非常有诱惑力的，如果是别人，或许会据为己有。必竟失主不知道他的车牌号码，他完全可以将这钱"昧"下来的。然而他却宁愿选择耽搁出车时间，也要物归原主。许多人说他傻，令他感到心寒的是，当他把钱包递到失主手里时，失主的行为伤了他的心，此时，他认为自己真的很傻。

当那位失主打开钱包，他竟然将那些钱数了三遍。不仅数了三遍，他还在阳光底下拿着钱反复地照着，司机当时很尴尬，如果他抽出去几张或者再放进去几张假币，他又何必去还钱呢？

对于失主来说，把那些钱数三遍，也许只是他的一种下意识动作，或是一种习惯。然而，他的这种行为却深深地伤了司机的心，对于他是一种情感上的伤害。人做的每一个微小动作，都有其意味和指向，包括每一个动作的背后都隐含着一种逻辑。

生活中，各种大大小小的细节，对于行为者本人来说是一种习惯，然而对于它所暗合的逻辑和给他人的感受却无从知晓也无从重视。它就像一把软刀子，人与人之间的温情被它一点点无情地切割着，最后人们变得心灰意冷，善行敛迹，美德遁形。有时，灾难并不能将人压倒，反倒是一个小小的细节，将他伤害至深。归根结底，是缺乏一种对他人的信任。

在一家大公司，因为一位高级负责人的工作失误，致使公司损失了 1000 万元。因为这，他变得压力重重，还有些精神紧张，十分萎靡不振。

57

一段时间后，董事长要见这位负责人。负责人在心里对自己说：该来的都来了，我认了。当他听到自己被调任到一个同等重要的新职务时，他几乎不敢相信自己的耳朵。这令他出乎意料，"请问董事长，当我犯了这么重大的一个错误后，为何您还留下我，而不把我开除或降职呢？"他不解地问道。

董事长平静地回答说："如果那样处理你，我岂不是白白地花费了 1000 万元的'学费'在你的身上吗？"

仅仅几分钟的谈话，让这位高级负责人重拾信心，这给了他深刻的教育和极大的鼓励，董事长的信任成为巨大的内在动力，促使他在新的起点上奋发拼搏，鼓励他以更加惊人的毅力和智慧为公司的发展立下汗马功劳。

我想，天下没有不犯错误的人，除非你不在这个世界上。每个人都希望自己犯了错误之后能得到别人的原谅。因为得到别人原谅就等于得到了别人对你的信任，继续让你去做你应该做的事情。信任是最美的原谅，信任才能让人变得更加美好。

学会信任并尊重每一个人，无论他的身份和工作有多么卑微，都应该去信任他，尊重他。这是我们应该具备的良好品质。要知道，信任没有高低之分，尊重也没有贵贱之分，信任、尊重别人也会让别人尊重和信任你。

六、因微笑而改变

德克萨斯的教堂已经为复活节装饰得焕然一新，两千多人安静地坐在下面。玛丽站在教堂的室内露台上，独自一人看着远方。一刻钟以后，她就要演出了。她将从天花板上被一根绳子吊起，她是这次"复活节盛典"的飞翔天使，现在，有几位技术人员正在给她戴上一件护具。

两年以前，玛丽就为舞台上飞来飞去的天使而着迷，每当她在电视上看到"复活节盛典"后，都有想报名参加这项表演的冲动。这是一次十分盛大的演出，每个从童年走过的女孩儿都做过当天使的美梦。此时的玛丽站在露台边缘，她就要"起飞"了。只见晚会服务人员把她的护具系紧，拉了拉那绳子。此时的玛丽万分紧张，突然，

莫名奇妙地担心起来："这绳子能承受住我的重量吗？它要是断了我该怎么办呢？"那些管理人员似乎看出了玛丽的担忧和焦虑。"孩子，不要担心，它结实着呢！从没失过手。"他们耐心地安慰玛丽说。玛丽想到自己的梦想就要实现了，心中无比的激动，而且此时，她也没有了任何的退路。

她想到了两年以前，第一次参加这个角色的面试时，还没有进行到第二轮她就已经被淘汰了。那个时候面试，首先是一位舞蹈教练教给参赛选手一段舞蹈，由各位选手来模仿。有的人并不擅长跳舞，所以便显得笨手笨脚。当然，玛丽也在这个行列之内。先后有过两次的失败经历，今年，她已经打算放弃了。可恰巧在此时，有一位连续两年成功入选天使这一角色的女孩儿，给了玛丽一些中肯的建议。"小丫头，知道面试的诀窍是什么吗？就是微笑，与此同时你要看着评委的眼睛。无论你的舞蹈跳得有多么糟糕，也不要想他们会不会注意到你的舞步，你要时刻保持微笑。仅此而已！"

玛丽谨记那个女孩儿的忠告，每当她在拿不准舞步时便会微笑，胳膊没有流畅地伸展时她也微笑，转错方向时仍然微笑。虽然微笑并没有把她变成一个更好的舞者，但它使得整个面试过程更加愉快。她不再为表演得是否完美而担心，她完全沉浸在天使的感觉中。她想象着自己在空气中飘飞，充满了美丽与自豪。

与其他天使演员相比，玛丽是个例外，因为她没有经过专业的舞蹈训练。可是，她依然充满了信心和勇气。瞬间，她感觉腹部被轻轻拉起，她飞起来了，她的心中充满了无限的喜悦。只见她越飞越高，已经超过了露台的高度。然后她伸展双臂，开始微笑。

演出进行得十分顺利。当她飞过观众头顶时，也许玛丽出了几个小错，但没有人会在乎的。玛丽把一切都抛之脑后，她就是一个快乐的微笑天使。

从此，无论玛丽走到哪里，每当怀疑和恐惧爬上她心头的时候，玛丽都会对自己微笑，微笑使她重新充满自信。她坚信，微笑具有神奇的力量，它曾使玛丽像天使那样在空中飞翔。

59

生活，并不是我们所想象的那样，无论你怎样努力都不会有所改变的。事实恰

恰相反，如果你不努力，一切自然无法改变，然而当你努力去做的时候，你会发现，其实并不难。告诉自己，不想流泪的话，就让自己去微笑，像天使一样微笑。

七、珍惜拥有

从前，有一只小鸟看到自己的同类竟然站在了有着锋利牙齿的鳄鱼嘴里，还欢快地跳跃着、飞舞着，它很是羡慕，同样是鸟类，怎么差距就这么大呢？小鸟很不服气，于是就模仿另一只小鸟，也来到鳄鱼嘴里，然而它却没有另外一只小鸟幸运，只见鳄鱼毫不犹豫地上下牙轻微一合，就把这只鸟吞下了肚，它到死都不明白，自己怎么就成了送上门的美餐。为什么自己不可以像另外一只鸟一样，可以自由自在地在鳄鱼嘴里钻进钻出？

然而它有所不知，这另外的一只鸟叫鹦鸟。它是鳄鱼的"牙医"。在水域中凶猛的动物，鳄鱼算是其一，可是它却与鹦鸟结成了很深的友谊。鳄鱼的武器就是牙齿，所以它很在意自己的武器，这可以保证它有顽强的战斗力。无疑，"牙好胃口就好"，这是鹦鸟给予鳄鱼的承诺。饱餐之后的鳄鱼，会慵懒地躺在水畔闭目养神。这个时候，鹦鸟就会成群结队地飞来，啄食鳄鱼口腔内的肉屑残渣。在这个过程中，它们彼此达成了一种默契，并获得了一种双赢，就是鳄鱼的口腔由鹦鸟来帮它清洁，与此同时，鹦鸟也获得了鳄鱼牙缝中的肉丝，填饱了自己的肚子。

这个交易的过程，一直在隐蔽地进行着。死去的鸟不会知道，没有为鳄鱼充当"牙医"的本领，就不要靠近鳄鱼半步，尤其要远离它那锋利的牙齿。"冰山"是不可以用来做"靠山"的；邀功与炫耀之间的距离，也并非如它想象的那么近。它被能够在锋利的齿尖跳上跳下这种假象所迷惑，这只是一种表象，它并没有透过这层表象看到它们之间的合作关系。

生活中，人与人之间的关系又何尝不是如此？偶尔也会陷入"盲目羡慕别人"的状况。就如羡慕别人的权势，透过表象，你可知道在这权势之后，多少做人的尊严牺牲掉了，多少健康的生活舍弃了。人们看到的是，那些权势的主人站在鳄鱼的牙齿上，看到他们煞有介事的模样，而背后的他们到底为鳄鱼做了些什么你并不知道；羡慕别人的财富，这财富背后是否带有原罪你并不知道，也无从了解他们是否背叛了友情、放弃了爱情、疏离了亲情。

有位爱车的朋友，开"QQ"的时候羡慕"桑塔纳"，后来开上了"尼桑"又羡慕"宝马"。此时，他已经想明白了，就算他努力一生开上了"劳斯莱斯"，而这也未必就是尽头……所以，他不再羡慕。

不去羡慕别人的最好方式，就是使自己强大起来，让别人来羡慕自己。虽然没有挟鳄鱼的威猛以自重，可是你拥有另外一片天地，另外一份无拘无束、自由自在的晴空；虽然并不能从鳄鱼的牙缝之中觅到些许的肉丝，可是你却能获得天空的宽广与蔚蓝。

假如天上的小鸟爱上了水里的鱼，它们的家会安在何处呢？如果羡慕别人就可以获得快乐，那为什么还会丢掉了自己的身家性命呢？不羡慕别人所有，珍惜自己所拥有的。

八、一失足成千古恨

有一只船，它在海上航行。有一只鼠躲藏在它的船舱里。这只老鼠总是偷吃船夫的粮食，而且还咬坏船夫的衣物。船夫被激怒了，他恨死了那只老鼠，于是，船夫决定把它捉住，然后扔到海里。

这只老鼠也不甘示弱，它使出了绝活儿，只见它在船底打了个洞，然后躲到洞里去，之后再把船夫的粮食一点儿一点儿地搬到洞里藏起来。故事的结果可想而知。

老鼠终归是老鼠，它并没有想到，一旦船底破了洞，那么人船鼠三者俱毁，反倒害了自己的性命。

不管在什么时候，都不要想着去危害别人。因为，害人就是害己。

前不久，中国矿大读大一的学生常某，他性格内向。因为其他三位同学平时不

喜欢和他一起玩而心存不满、怀恨在心。他认为受冷落而往三名同学的水里投毒。

据同学反映，他平时的同学关系就比较紧张，时常怀疑同学对他另眼相看。由于他对化学知识有所了解，遂悄悄将铊投入水中。然后，等这三名同学晚自习结束后，回到宿舍，喝下带有铊毒的矿泉水。他既危害了别人，又使他自己的内心受折磨，更断送了美好前程。

虽然我们没有害人之心，但不能保证别人不会来伤害你。所以，我们要保护好自己，遇人遇事多思量。学一学富有智慧的狐狸。

有一只装病的狮子，藏在洞穴之中呻吟。周边的小动物听到了它的痛苦呻吟，都相继进入洞中去探视它。这时，聪明的狐狸来到了它的洞穴前，那狮子的呻吟声越来越大，十分可怜。当它正想进洞时，又再三地思量了一下。它突然竖起了耳朵，把正欲跨进洞穴的前脚收回，在洞外来回踱步。

这时，那装病的狮子问道：“狐狸啊！你怎么不进来呢？”

狐狸镇定地问道：“为什么我只看见一些往洞里走的动物脚印，却丝毫没有走出来的脚印呢？”从这里我们看到了，任何事情都是进易退难，只有掌握谋定而后动，才是明智之举。如果选择率性莽撞而行，结果只能把自己置于悲惨境地。

这里的警惕并不是多疑，而是在尊重事实的基础之上做出正确判断，这种智慧生活之中不可缺少。生活中我们要时刻保持警惕的心，才可以免受伤害。

我们要时常训练自己对环境的观察力，不断地提高观察社会的敏锐度。即使面临险阻，也能够迅速地做出调整，让这种险境远离自己。

如果有了狐狸的警惕之心，那么，我们会在社会中生存得自然、洒脱、开心、快乐，不过要切记“一失足成千古恨”的训诫，无论前方是何等的路况，我们都要处处小心自己的脚步，千万不要走错了方向。

62

九、近朱者赤，近墨者黑

生活在一个鲜花盛开、温暖和谐的地方，比住在吵杂的、人人都怒气冲天的环境中要开心很多。环境是你一生的土壤，蕴含着巨大的能量，你可以随时随地从中不断汲取养分和能量。要善于利用天时、地利、人和的环境因素，这些都是自己生活和成长的资本。

鹦鹉妈妈有两个宝宝。一个叫大宝，另外一个叫小宝。有一天，鹦鹉出去寻找食物的时候，大宝和小宝被一个猎人抓走了。

大宝和小宝在猎人家被困了一段时间，有一个阴雨天，大宝趁猎人不注意逃出了他的家。有了前车之鉴的猎人把小宝关进笼子里，每天除了给它喂食之外，还教它讲一些话。大宝从猎人家逃跑后，想回家告诉妈妈，然后营救弟弟，可是它并不知道回家的路，成了一只无家可归的小家伙。它已经好几天没有进食了，晕倒在乡间的小路上，这时有一位仙人恰巧从此经过，看到奄奄一息的大宝，仙人把它带到自己隐居的地方，同样喂它东西吃，教它说话。有一天，国王和他的士兵出外狩猎，正好途经猎人居住的森林。国王为了追一只鹿，骑着他的马离开了卫队，后来却迷路了。当国王来到猎人的住处时，笼里的小宝看到国王来了，立刻发出了乱七八糟的声音："快醒醒、快醒醒，主人呀！把他逮住！把他杀掉！杀掉！有一个人骑着马跑来了。"

国王听到了这只鹦鹉的话，震惊之余立即勒住了马，并且向另一个方向走去。

国王来到一个深幽的树林，这里到处充满了安静祥和，这里面有仙人居住，他们在这里静修、修心养性。当他抬起头时，发现了树上栖息的鹦鹉，大宝一见国王开心地说道："欢迎，欢迎，欢迎远方而来的客人！请您喝点儿泉水吃点儿甜果吧！仙人们呀！在这繁茂的树底下，请你向客人献洗脸水致敬吧！"

听了这只鹦鹉的话后，国王睁大了眼睛，他的心里非常吃惊。心想："到底是怎么一回事呢？"这时候仙人来到了国王的面前，向他献上清凉的泉水。国王问仙人："这只小鸟为什么如此得亲切有礼貌，而我在另一片树林里看到和它一样的鸟，那一只却十分可怕，它看见我后就喊要逮住我，还要杀掉我，这是什么原因呢？"

仙人见国王这样问，就把大宝小宝两兄弟的遭遇告诉了国王。

这时国王大悟到：近朱者赤，近墨者黑。近恶者沾恶习，近善者习修美德。

63

获得智慧需要以青春为代价，要想用少的青春换得更多的智慧，就去接近智者、贤者、善者。

十、世上最美丽的花朵

我的一位表姐是空姐，每每看到她时，总是给我会心的一个微笑，不禁让我陶醉其中。我在想，她为什么能够时刻保持微笑呢？她就没有烦恼的时候吗？怎么能每时每刻都笑得出来呢？由于好奇心的驱使，一次，我就向她问道："姐姐，为什么你总是能笑得这么开心呢？你就没有难过的时候吗？"听到这儿，姐姐又回我一个美丽的微笑，接着，她给我讲起了她工作的一段经历。

一次，一位乘客请求她给自己倒杯水，用来吃药（在飞机起飞之前）。姐姐很有礼貌地说："先生，当飞机飞行平稳后，我第一时间把水给您送去。现在为了您的安全，请您稍等片刻。"

一刻钟后，飞机进入平稳的状态。这时，一阵急促的服务铃声响了起来，姐姐才想起来那位乘客让她倒水的事情。这次完蛋了，她竟然给忘记了。当她走到客舱时，看到那位乘客脸上面无表情。姐姐小心翼翼地把水送到那位乘客跟前，并且面带微笑地对他说："先生，十分报歉。由于我的疏忽，延误了您吃药的时间。真是对不起。"乘客十分愤怒，抬起左手指着手表大声地说道："看看几点钟了，怎么回事，有你这样服务的吗？"当时，姐姐心里感觉特别委屈，在她的手里还端着一杯水，不管她怎样解释，这位乘客就是不肯原谅她。

之后，每当姐姐去客舱为乘客服务时，她总是特意走到那位乘客面前，细心且面带微笑地询问他是否需要水，是否需要其他帮助。可是，挑剔的乘客一直置若罔闻，他的气并没有消。

快要抵达目的前，挑剔的乘客让姐姐拿给他留言本。十分明显，那位乘客要投诉姐姐。姐姐只能把委屈放到肚子里，为了不失职业道德，她非常有礼貌地去见他，面带着微笑把本子交给他并说道："真是对不起，先生。请允许我再次向您表示真诚的歉意，我欣然接受您的批评！"只见那位乘客的脸色有些缓和，动了动嘴，似乎准备说什么，最后却没有开口。当他接过留言本后，就开始在上面写了起来。

几分钟后，飞机安全着陆，乘客相继离开了机舱。这时，姐姐的内心无比低落，她以为一切都完了。可是令她十分震惊的是，当她打开留言本时，她惊奇地发现，本子上并没有写投诉信，而是一封表扬信（热情洋溢）。

这位乘客最终放弃了投诉，原因何在呢？

信中写了这样一句话："在这件事的整个过程中，您向我展露了12次的微笑，足以看出您真诚的歉意，这些都深深地打动了我，所以我最后决定将投诉信写成表扬信！年轻人，你的表现很出色。如果下次有机会，我一定还乘坐你们这趟航班！"

在微笑面前，所有的不满与指责都会被化解。它是世上最美丽的花朵，有着无穷的魅力。所以，当你想取得别人的谅解时，不妨面带微笑。如要把微笑当成一种习惯，这种习惯会使你受益无穷。

第五章　人生的做事方法

一、柳暗花明又一村

在生活中，我们会遇到这样的现象：在路上走着走着，走到尽头却过不去了，或者是死胡同，或者是路断了。遇到这种情况，谁都会自觉地退回来，再选择别的道路，这样才可能到达目的地。

走路是这样，生活中有些事也是这样。可是偏偏有人在走不通的时候不知道拐个弯，不知道退回来，不知道要选择另一条路，还是一直往前走，结果只能碰壁。相反，改道，甚至退回来，都会找到另一片天地。

小王很爱写作，从 20 岁开始，便经常往报刊投稿，可是从来没得到发表，甚至是连一封退稿的信也没有得到。但是他很执着，坚持投稿，心想只要我坚持，说不定就会成功。一转眼将近十年过去了，他已经 29 岁了。尽管妻子多次劝他，让他别浪费精力，但他还是不愿放弃。

一日，他突然接到一封杂志社寄来的信。他高兴极了，心想很可能是稿件发表了。拆开一看，结果又被浇了一瓢冷水，他一下子瘫坐在椅子上。

信上写道："王先生：多次收到您的稿件，谢谢您多年的支持。恕我直言，您不太适合写作，因为您文字基础不强，生活阅历与体验也不丰富。不过，我看了您的一些稿子，倒感觉到您的钢笔字越来越好了。如果可以参考的话，倒不妨在这方面下功夫，说不定会有收获。"

一阵灰心之后，小王平静了下来。他坐直身子，又拿起信来反复地看。他越

66

看越冷静了。虽然人家说他不适合写作，有些难过，但仔细一想，这十年的事实不是证明了么！为什么自己还这么顽固地坚持呢？良药苦口利于病啊！他开始反思起来，觉得这编辑还真不错，是善意的。

看着信中最后的话，他感到温暖。自己也感到钢笔字有些进步，朋友们也夸他写得好。这时，他眼前一亮，是呀，何不在这上边下功夫呢！真是要谢谢这好心编辑的提醒啊。

想到这儿，他打定了主意，于是买来字帖，开始练习钢笔字。一番苦练后，他多次在硬笔书法大赛中获奖，三年之后他成了远近闻名的硬笔书法家。

小王的经历说明，一个人的成功不只是光凭坚持，光凭执着，还要看有没有最基本的条件。如果起码的条件都不具备，你再坚持下去，也不会有什么成果。该坚持的要坚持，该放弃时就得放弃，这是辩证的。不顾条件地盲目坚持，就是完全不了解自己，是不明智的。当一条路走不通时，就应该拐弯，就要另寻出路。有句话说得好，"东方不亮西方亮"，世上不会只有一条路，只要你及时改变方向，说不定就能"柳暗花明又一村"，开辟出一片新的天地来。

二、变废为宝

有些事情我们往往从一个方面去看，它可能毫无价值，然而如果多动脑筋，多方面去想，从不同的角度去想，就会发现还有价值，甚至可以变废为宝。一些有眼光的人就是这样，从一些看起来毫无价值的东西中发现了商机。

在美国得克萨斯州的一个广场上，曾经有一座历史悠久又高又大的女神像。由于长时期没有修葺过，女神像已经破败，影响了市容。如果修葺，又需动用巨款。于是市政当局决定将女神像推倒。

很快，女神像被推倒了，在广场上留下了一大堆废料。仅清除这些废料的劳务费至少需要 2.5 万美元。

为此市政当局进行了招标。一些人在盘算之后，清理费还抵不上雇佣人的劳务

费，所以谁都不愿意承揽这份没什么利润的苦差事。

这时有一位叫斯塔克的人，他也来到广场上察看。他围着这堆废料仔细地看来看去，最后决定承揽清理这批废料的工作。

斯塔克并没有急于把废料清理出广场，他让一些工人将大块废料分解成小块，并且按金属、非金属等一一分类。分类以后，再进行加工。将废钢片改铸成有这女神像的纪念币，把女神像上已经破裂的帽子破解成一些形状好看的小块，并标明这是女神像桂冠上的某一部分，稍作加工之后，装在一个个别致的小盒中。

斯塔克还做出了一个人们不理解的举动，他雇来一批军人，把广场上这一大堆废料围挡起来，并且派人严加把守，好像这废料堆是一个很重要的阵地。他这神秘的做法，使人们更好奇了：是不是从这女神像中发现了什么古物或有价值的东西呢？一时间全城人议论纷纷。

斯塔克认为时机成熟了，于是开始了女神像纪念品的推销工作。这些纪念品形式多样，有纪念币，有女神头饰，有桂冠的组成部分，有戒指等。他在包装盒上还写下一句带些伤感的话："美丽的女神已经走了，我只留下了她这一纪念品。我永远爱她！"

人们都觉得这些物品价格不贵，又有纪念意义，于是争相购买。他的那些纪念品也确实便宜。小的一个1美元，大的一个10美元左右，最贵的是女神桂冠、嘴唇那些部分制成的纪念品，每个150美元，很快，所有纪念品销售一空。

斯塔克虽然从清理费中没赚得多少钱，但从这堆废料中却净赚了125万美元。

谁都认为是不值得做的买卖，却被斯塔克盈利了，而且还不是一般的盈利。可见不同的眼光，就会有不同的思路，斯塔克的成功在于他不像一般商人那样，看见的只是一堆废料，而是把废料与女神像联系起来，与女神像的悠久历史联系起来，与人们怀旧的情结联系起来，这样就发掘了它的纪念意义，从而开发出纪念品，把它的价值发挥到最大。

斯塔克的做法启示人们，想问题要多从几个方面考虑，不能什么事都是直线思维，有时需要的是发散思维，甚至是逆向思维。总之要想得更多一些，多想出智慧。

三、养成善于发现的习惯

一个人应该养成多留心、多注意，善于发现的习惯。因为生活中常常有一些不为人注意的事，有时却蕴藏着商机，蕴藏着某种科学发明的机遇。所以古语说"处处留心皆学问"是有道理的。

瓦特发明蒸汽机的故事是大家熟知的，他是看到水壶在火炉上，沸腾的水把那壶盖冲开，因而引起思索，引发灵感的。其实，水壶被开水的蒸汽冲开，很多人都是见过的，可是见怪不怪，谁也没有去思索，所以并不会有什么创造。

科学家总是很难当的，因为某种留意而有所发明创造，自然也很不容易。但是有些情况就不是非常艰难，关键是要善于思索，善于发现。

有个小伙子坐火车去外地，他坐在靠近车窗的座位上，很认真地看着车外的风景。当火车进入一个荒无人烟的山野时，很多人看了一会儿就都显得疲乏了，唯有他还是那样专注。

过了一会儿，火车明显地减速了，因为前面有一个拐弯的地方。这时他突然注意到就在离拐弯不远的地方有一所简陋的平房。多难得呀，这么荒芜的地方竟有人居住！

这所房子一下子引起了很多疲惫不堪的乘客的注意，大家都把视线转向了它。仿佛这房子是这片荒野上一处亮丽的风景。

直到看不到这所房子时，小伙子才把视线收回来。他在思考刚才乘客们的表现，这么一所普通得再普通不过的房子，怎么能引起这些疲惫的乘客的兴趣呢？他似乎有了答案。于是打听了这里的地名。

返回时，小伙子特意在离这平房处最近的车站下了车，他去寻找那所简陋的房子的主人。主人告诉他：因为离铁道太近，噪音太大，无法居住，所以准备卖掉这所房子。只是因为地方偏远，所以很难找到买家。

小伙子一听，马上表示自己愿意购买。在一番讨价还价之后，小伙子竟以不到

69

2万元的价格购得了房子。

为什么要买这所房子呢？年轻人自有他的盘算。因为这所房子在铁道的拐弯处，很显眼。在这荒野上，这所房子很吸引人们的眼球。一见到它，人们的眼睛就会为之一亮，所以很适宜做广告。

很快，年轻人就开始了招商工作，他到处联系，到处宣传，说房子的正面可以作为很好的"广告墙"。不久，一些厂商就看中了此处，著名的可口可乐公司抢先与他签订了协议，租用这房子3年，一次付给他18万元租金。

只是偶然的一次乘车外出，只是在旷野上见到了一所极普通的房子，这年轻人就发现了商机，而且抓住不放，使一所简陋的房子提高了身价，得到了想象不到的效益。可见，生活中并不缺乏资源，而往往是未被人们发现，没有被开发利用。多留意生活中的各种事物吧，因为发现是成功之门。

四、重视小事

有的人总想做大事，这是无可非议的，但是要知道"九层之台，起于垒土；千里之行，始于足下"。要成就大事，是很难一蹴而就的，它需要积累，需要发展，也需要过程。"大"与"小"是相对的，没有"小"，哪会有"大"？

很多企业的发展史也充分说明了这一点。现在有着雄厚的资本，有着豪华的办公楼，有着知名品牌的大公司，想当年开始创业之时，哪会有如今气派？正是创业者一步一步地努力，一点一滴地积累，才使一个名不见经传的小摊、小店，发展成今日的名震遐迩的大公司。由小到大了，由不知名到闻名了，这就是发展的规律。

台湾著名实业家王永庆就是一个很好的例子。他出身贫寒，又是家中的长子，从小就承担着很重的家务。每天一大早就要光着脚翻过小山去挑水，往返五六次，然后才匆匆忙忙地去上学，可以说，他年轻时吃尽了苦。

后来，由于家境，他不得不辍学从商。当他第一次做买卖时，筹得的资金仅有

200元。他只好在一个最小的巷子里，租用一个很小的铺面卖米。由于地方太偏，铺子又小，十分不起眼，所以开张初期，生意冷冷清清，很少有顾客上门。

怎么打开这艰难的局面呢？怎么让自己的米销路好些呢？他当然没有钱做广告，也没有钱将店铺搬迁到繁华的地方。他只能从自己的条件出发，那就是提高商品的质量。

当时的台湾农业生产还很落后，稻谷的收割与加工还完全靠手工进行。收割后的稻谷都摊放在马路上晾晒，然后再脱粒。在收割与晾晒中难免混杂了一些砂子、小石子之类的杂物。人们只是在淘米时，再经过一番挑拣。当然有些人也常常抱怨，但处处都这样，人们也无可奈何，慢慢地习以为常了。

王永庆就想：我要是少休息一些，自己先挑选一下，让卖出的米干干净净，让顾客不再费挑拣的工夫，我的米肯定就会受欢迎。他说干就干，便带着两个弟弟一起动手，不怕麻烦地将米中的秕糠、砂石之类的杂物一一拣出来。这样他出售的米就干净多了。

没有杂物的米成了王永庆米店的特点，很快就受到顾客的欢迎，谁不愿意用同样的价钱买到不需要挑拣的干净米呢？一传十，十传百，顾客的口碑成了不花钱且实实在在的广告。这样，位置虽然偏僻的王永庆的小米店却顾客盈门了，而且生意红火起来。

这就是王永庆掘出第一桶金的故事，它告诉人们富豪的创业，并非他是天才，也并非一开始就有惊天动地的创造，而是从极平凡、极普通、极细小的事情着手的。这种事应该是人人都能够做，而且是都能做得到的。

别看这是不费力的小事，但很多人却做不到，有的对这种小事甚至都不屑一顾，心想要干大事业，哪能做这种小事？他们不知道：伟大的事业，往往是从平凡的事情做起的。

71

通观一些成功人士，他们都不是那种不切实际的人，他们常常是从基层干起，从小事做起，踏踏实实地干下去，从而逐渐发展起来的。像香港的著名企业家李嘉诚也是这样。他出身于教师家庭，父亲本想让他上大学，接受良好的教育。但

由于父亲的突然去世，使得原有的计划落空了，家庭的重担一下子就落到了十几岁的李嘉诚身上，他开始打工来维持整个家庭。他一开始在茶楼做跑堂的伙计，他不嫌这职位小；后来又到一家公司做推销员。搞推销，他也十分敬业，不停地寻找买主。他还动脑筋将香港分作几片去分析，看哪一片潜在的客户最多。这样有的放矢地去推销，效果非常好。他的奋斗历史，实际上就是他踏踏实实做事的历史。

中国著名的思想家老子曾说过："天下难事，必作于易；天下大事，必作于细"，这精辟地指明了一个道理：想要成就一番事业，必须从简单的事情做起，从细微之处着手。一心渴望伟大、追求伟大，伟大却了无踪影；甘于平淡，认真做好每个细节，伟大却不期而至。成功者的共同特点，就是能做小事情，能够抓住生活中的一些细节，踏踏实实地做下去。

中国海尔公司的总裁张瑞敏说得很好："把每一件简单的事做好，就是不简单；把每一件平凡的事做好，就是不平凡。"

让我们重视每一件平凡的事，细小的事，并且把它切切实实地做好！

五、不断创新

有些人看到别人成功，一是羡慕，二是模仿。羡慕可以理解，也无可非议，而模仿却并没有好处。由于心态浮躁，所以跟着成功者的足迹亦步亦趋者还真不少。我们常看到这样的现象，有的产品一时很畅销，于是不少企业纷纷跟进，也生产同一性能的产品，而且没有自己的特色，形成重复生产。很快，市场饱和，产品积压，造成亏损。

求学也是这样，不问自己的兴趣，不顾自己的基础，当前热门的专业是什么，就赶紧学什么。一时金融财会人员缺乏，于是蜂拥而上，都学金融财会专业，结果等到毕业之时，市场需求饱和，就业不易，现实的情况远不如当初的设想。

可见，无论经商还是学习，都需要冷静地分析，都不能只跟着赶潮流，而应该

有自己的独创性。

古代有两个故事很能说明问题。一个是成语"邯郸学步"，说的是古代赵国都城邯郸，人们走路的姿势优美。一个燕国的少年非常羡慕，就专门去模仿，结果临到要回国时，连自己原先是怎么走路的都忘记了，不得不爬着回去。这当然是个笑话，讽刺了只知生硬模仿而不会创新的人。

另一个是"东施效颦"。说的是在古代越国有个女子叫西施，长得非常漂亮，人们都很喜欢她。有一天，西施正在路上走，突然感到胸部疼痛。痛得她直皱着眉头，双手紧紧地捂着胸口。这情形正好被一个叫东施的丑女看见了。她觉得西施这姿态太美了，便赶紧模仿。人们看到她那装模作样的姿态，觉得她更加难看了。看见她过来，都躲着她。这也是讽刺那种不分析别人究竟好在哪里，就一味模仿的人，那结果只能是越学越糟糕。

可见，只是跟着人家亦步亦趋，是没有出息的。

相反，善于思考，在工作中有所创新，这才有发展，也才有前途。

若干年前，在美国，很多青年来到石油开采区。有位年轻人也在那里找到了一份工作。一段时间后，他就不安心了。想调换岗位，又没有得到批准，无奈之下，他突然萌生了一种想法，就是在原有岗位上能不能也干得更好呢？于是他对自己操作的工序细致地研究，结果发现有道工序原来总是要用 39 滴油，而实际上减少一滴油也毫无妨碍。经过实验，他大胆地改变了这道工序。结果他这一做法得到了推广，别看只节省了一滴油，但对于整个采油区来说就节省了很多的成本。这位年轻人不是别人，正是后来成为石油大王的洛克菲勒。

正是洛克菲勒大胆的创新精神，使他后来取得了巨大的成就。

再以举办奥运会为例。不少国家都曾举办过奥运会。然而，很长时间，主办国都要承担一笔不小的亏损。只有到了 1984 年在美国洛杉矶举办奥运会时，才有了很大的转折。

当时有位叫尤伯罗斯的商人参与了奥运会的筹备。他为了不造成亏损，就没按

73

照惯例去做，而是开动脑筋寻找奥运会的商机。他考虑到全球关心奥运会的人越来越多，于是将奥运会的电视直播权进行公开拍卖，仅这一项就获得了2亿多美元。过去奥运会的万里长跑接力，习惯上是由一些有名望的人士来担任，作为一种荣誉。他一改这种先例，而采用购买的方法。每跑一公里，收费3000美元。结果也很成功，15000公里的路程，得到了4500万美元。

由于尤伯罗斯的创新，举办洛杉矶奥运会，不仅没有亏损，反而赢利2亿美元。

可见做什么事情既不能简单地去模仿，也不能只是遵循惯例，而应该不断地创新。

只有创新，才能发展。即使完全是同样的工作，也不要只是简单重复地劳动。只要你注意创新，你就会不断提高工作的效率，产生良好的效益。

六、不等待完美

我们常见到有这样的情况，谈起某种想法来，有人说得头头是道。说这样做很有市场，那样做很有效益。他们的想法足以改变时下的处境，赢得商机或者取得成就，但他们只是说说而已，而没有付诸行动。问他们原因，总是说想法还不够完美，或者条件还不够成熟，即使行动，也会失败或遭人拒绝，所以再等一等。结果自然是一番空想罢了。

有一位老人对此深有教训，他语重心长地对年轻人说："别再做这种傻事了，天下的事哪有那么完美的呀！"他非常后悔自己年轻时的一件事。那时他20多岁，遇到了一位很好的姑娘。两人相处了一段时间，他十分爱她，但总觉得时机还不够成熟，害怕提出来遭到拒绝，有失面子，因而一直不敢开口。几年之后，一次偶然的相逢，交谈之中，才知道当年她也对他倾慕有加。可惜这时她已成家，生活也并不如意。她责问他道："为什么你当时一点儿表示也没有呢？你，你真傻呀！"虽然时过境迁，但老人想起来还后悔不已，因为错过了多好的姻缘啊！

在情感上是如此，在其他方面也是如此！有些事情，其实成功与失败并非有多

74

远的距离，有时往往在你犹豫等待之时，你与期望的成功就失之交臂。

在 1921 年，当电报机发明 25 年之时，《纽约时报》有一篇文章谈到了电报对信息传播的重大作用，说当时人们接受的信息已是 25 年前的 50 倍了。有十几个人，就从这报道中得到了启发。他们想，如果创办一份文摘刊物，让读者从大量的信息中获得自己需要的信息，肯定会受到欢迎。他们说干就干，就去办各种手续，当他们申请邮局发行时，得到的答复是因为还从没有过这类刊物，目前条件还不成熟，还要等一等。绝大多数申办者就只好等等再说。

这十几人中有一位叫华莱士的青年却毫不犹豫，他想：邮局不发行，我可以自办发行呀，他没有等待，而是将订单装入 2000 个信封中，从邮局发往各地。

就这样，这青年创办了世界上很少有的文摘刊物，它一下子拥有了不少读者，而且市场越来越广阔，这就是有名的《读者文摘》。到了 2002 年，这本刊物已成为世界性的刊物。它用 19 种文字出版，发行到 127 个国家，年收入达 5 亿多美元。

有这创意的其实并非只有华莱士一人，十几个人都预见了广阔的市场，但是毫不犹豫的，立即着手的却只有华莱士一人。正是他的果断，使他获得了成功。

每个创意在开始时，总是很难完美的，条件一开始也难说就会很成熟，但这并不可怕，因为在实践中你还可以不断地去充实，去改进，去完善它。所以无数事实证明，不要等待着时机和条件的成熟，要在事物发展的过程中不断去创造成熟的条件。要知道不完美的行动，远远胜过完美而不付诸行动的想法。

七、思路决定出路

我们在考虑问题的时候，思维的方法不同，效果往往大不一样。比如打井吧，在一个地方打井，没有打出水来怎么办？一般来说，是继续往深处打。打到一定的深度，仍见不着水。这时往往就会出现两种意见：一是坚持再打下去，不见出水不罢休。有时打到最后也没能出水，被迫作罢。另一种意见就是这么深的地方还没有

水，说明这井的选址不对，应该换个地方。因为即使打出水来，井太深了也不好使用，而且打井的成本和将来使用、维护的成本也太高了。

这两种意见实际上是两种思维方法，前者是纵向思维，它是沿着一条固定的思路往下发展。就好比打不出水来，还继续不停地在原地打下去。这种思维是单一的，因而排除了其他的一些可能性，创造力就受到了限制。而换一个地方打井，则是一种平面的思维方法。此地不行，就换个地方。这样选择的范围就大多了，解决问题的可能性也就多了，因而发挥创造力的机会也多了。

美国某地有个植物园，每天游客不断，但有些游客常常偷摘园中的花卉。于是管理人员就写了个牌子："凡偷摘花卉者，罚款 200 美元！"没想到，这并没有什么效果，依然有人偷摘花卉。

管理人员中有人认为罚得太少，坚决主张提高罚金，认为重罚能杜绝这一现象。也有人主张把罚款改为奖励，举报奖励，认为这样会有效些。后者意见被采纳，于是牌子上有了一些改动："凡检举偷摘花卉者，奖励 200 美元！"

这一改，效果竟出奇地好。从此以后，偷摘花卉者往往被游人举报，因而受罚，很快花卉被偷的现象就没有了。

为什么会有这么不同的效果呢？那位提建议的人说："原来那罚款，只是靠我们园中的人监督，那多有限呀！现在重奖检举者，就发动了所有的人，多少双眼睛在帮助我们监督呀，这力量就大多了！"

换了一个思维方式，确实效果大不相同。

我们常说要创新，其实最重要的就是思路创新，如果只局限在原有的思维定势中，那自然很难有创新的局面，所以不老在一个地方打井，实际上就是要转换思路，寻求新的方法。

我认识一个乡镇领导就是这样。他们那里要发展经济就需要招商引资，可是他们的土地资源十分紧缺。加上严格的土地政策，禁止耕地改作他用，招商工作就陷入了困境。怎么办？很多人束手无策，有的说，只能等待政策上的松动，有的说只能寻求上级的支持。就这样，一些谈好的项目，因缺乏土地，只得搁浅。就在这时，这位领导想到了不能只在扩展外延上做文章。也就是说引进企业，不能只是一味地征地建厂。因为土地是不可再生的资源，你用一点儿就少一点儿，能不能在已有的土地上做文章，走丰富内涵，提高已有土地的利用率呢！他讲出了自己的想法，大家都很赞同。于是该乡就决定改造一个原有的旧厂，将旧厂房拆除，重新布局，并建设新的标准厂房，再用来招商。结果这个旧厂依然保留，没有增加一分地，又在原有厂区内引进了 3 个企业。这样一厂变成了 4 个厂，盘活了土地的存量，提高了土地资源的效益。

可见思维创新非常重要，当我们遇到困难或者难题的时候，不妨想想是不是要换一种思路去思考。思路决定出路，好的思路将给我们带来效益，带来财富，带来成功。

八、换个思维方式

在人生的道路上，顺利的事自然是有的，而不顺利的情况也会常常出现。遇到倒霉的事，自然会心情不好，会气馁，会沮丧，这是难免的。但倒霉的时候，如果冷静地想一想，从反面去想一想，有没有转化的可能，有没有利用的可能呢？有的人就能这样去想，换一个角度，换一种思维方式，有时会出现转折，会有意想不到的情况出现。

有个加拿大人格纳德是一个公司的职员，有一次他在复印一份文件时，不小心打翻了一个瓶子，瓶子里的液体一下子泼洒到文件上。虽然字迹还能看清楚，但复印之后，那污染了的部分就留下了漆黑的斑块，什么也看不见了。因这次事故，他被解雇了。

格纳德很沮丧，拿着那张使他失业的复印纸呆呆地出神，看着，看着，他脑海中突然闪出一个想法：这种液体可以使复印机复印不了文件呀，这不可以用在保密工作上吗？于是他就以这种液体为基础，进行研究，终于发明出一种有特殊性能的防止盗印的影印纸。它可以用在军事、秘密图纸和保密的文件上。格纳德从此因祸

77

得福，改变了命运。

　　还有一个叫吉麦的法国人，以作画、卖画谋生。一天，他正在用颜料作画时，一不注意，把蓝色的颜料溅到了自己的白衬衫上。当时怎么洗也没能洗干净，只好把它晾晒了。没想到在晒干之后，那蓝色不仅看不见了，而且衬衫显得更洁白了。这太奇怪了，他又有意识地做了几次实验，次次都如此。他很受启发，终于研究出一种漂白剂，并且由此成立了一家洗涤剂公司。

　　看起来，这好像是偶然的事件，但是，生活中确实有这样的事。问题是遇到这种情况后，很多人缺乏逆向思维。他们只是看到事情不利或者说是倒霉的一面，很少从反面去思考会不会还有其他的价值。平日我们常说事物是可以转化的，但遇到问题时，却常常不会从转化的角度去考虑，因此错过了可以由坏事转化为好事的机会。

　　让思维方式灵活一些，不要只是一个模式，不要只陷于一种思维定式中。在困难的情况下，不要轻易地否定或放弃，不妨来个逆向思维，看一看，是否从其他方面还有利用的价值。从一些事实看，这种逆向思维，有时候是很有建设性的思维方式。

九、巧干出效率

　　我们一般都喜欢那种踏踏实实干工作的人，因为他们埋头苦干的精神令人敬佩。害怕艰苦，不愿付出，自然是做不好工作的。然而，这只是问题的一个方面。我们需要苦干，但不等于苦干就是最理想的。因为我们不仅要干，而且要干好，要干得效率高。这就需要动脑筋，想办法，这就是要巧干。可以这样说：苦干是基础，巧干出效率。

　　同在一个车间，而且工龄相同的工人，从事的是同一个工种，生产同一产品，使用的是同一种机器，但产品的数量和质量却各有不同。这原因并不是不苦干，而是缺乏巧干。有的工人按部就班地工作，日复一日、年复一年地只是简单地重复着以往的操作，他最多只是技术熟练而已。而有的工人却总是不停地琢磨，如何生产得又快又多,他或者是在技术上作改进,或者是在机器部件上作改进。正因为他钻研、探索,动脑筋地工作,效果就大不一样。工厂里的劳模或先进生产者大都是这样的。

物质生产是这样,精神生产也是这样。拿教书来说,有的教师教了多年,也总是兢兢业业地苦干,但只是重复地劳动。而有的教师却不是这样,他总是根据所教学生的不同和班级的特点不断地改进教学方法,很注意巧干。因而他所教的学生成绩总是比较好,他总是受到学生的欢迎。所以干同样的工作,会有不同的方法,不同的效果。

有一个事例更能说明问题。国外有个村庄十分缺水。为解决用水的问题,村里决定雇人由村外送水。这时有两个人都争着这份工作,于是村里就与这两人签了合同。一个人拿到合同后就苦干起来,他每天从1公里之外有水源的地方挑水,把水倒在村民修建的蓄水池中。他早起晚睡,每天辛苦地工作着。

另一个人拿到合同以后,就订了一个供水的计划。并带着这计划到处去寻找投资人。经过他的一番游说,争取到了4人投资。于是他就按计划,从1公里外修建了一条供水管道一直通往村里。几个月后,村里用水的问题就彻底得到了解决,随时有水供应。

这个人并没有停步,他想到缺水的村庄决不止一个,于是又主动与缺水的村庄联系,推广他的办法,这样他就成为一个开发供水管道的商人。他没有前一个人那样辛苦,可是收入却比那位苦干的人高得多,而且收入源源不断,很快就拥有了很多的财富。

这一事例可能过于典型,但它充分告诉人们,我们虽然需要苦干,但是更需要巧干。因为巧干是一种聪明的工作方式,是不断创新的结果。特别是在市场经济的环境下,竞争很激烈,只有巧干,才会有竞争力,也才会带来更大的效益。

79

十、找到问题的根本

我们做工作,办事情,总是要解决矛盾,解决问题。而能不能恰当地解决问题,

很重要的是要分析清楚，找到主要矛盾，或者说对问题有准确的界定，找准问题的症结。这样才能对症下药，有的放矢。

美国有一家制鞋的公司，效益很好。他们不断地推出新的样式，几种新式样的鞋子一投入市场，就被抢购一空。接着很多商场都发来了订单，公司一时间应接不暇。

怎么办？只能增加技工，于是先后招聘了一批批制鞋的工人。尽管这样，还是不能满足生产的需要。如果不能按时供货，那么就得赔付客户一大笔违约金。

在这种情况下，公司的老总召开大会，商讨对策，一些人仍然主张再招聘工人，扩大生产。这时一个年轻的工人却提出不同的意见。他说："我认为根本问题不是要找更多的技工。问题的关键是要提高产量，增加工人只是提高产量的手段之一。"

不少人都摇着头，有的交头接耳，觉得他讲的不着边际。但是老总却听得很认真，还鼓励他说："请你接着讲下去！"

年轻工人于是大胆地说了自己的想法："我们应该用机器来生产！"

他的话一出口，会场上的人都哈哈大笑。有的还嘲笑说："用机器造鞋，你能造机器吗？"

总经理也笑了，他却是会心的笑。他对大家说："别看他年岁小，他说得好啊！他指出了我们的盲区。我们只是想增加工人，但真正的问题是要提高效率。他虽然不会造机器，但他的想法不错，我要奖励他。"总经理马上奖励了这个工人 500 美元。

接着公司就组织专家研制造鞋的机器，4 个月后，机器造出来了，从此，制鞋的效率大大提高了，这位总经理就是美国的鞋业大王罗宾。

罗宾后来回忆说："这位员工值得我永远感谢。他使我懂得，遇到难题，首先是对问题进行界定。要不是他提出根本问题是提高生产率，我们还只会陷入增加人员的误区中，公司不会有这样大的发展。"所以要解决问题，就要找准问题的症结。

第二次世界大战也有一个事例很有意思。苏联的军队定好某天要趁着黑夜向德

军发动进攻，偏偏不巧，临到进攻那天却是万里无云，满天星斗，部队很难高度隐蔽，很容易被敌军发觉。

那么就要改变日期吗？但一切都准备好了，朱可夫元帅焦急地思索起来。他突然想出了一个好主意，还是按原计划实施。只是下了一个奇怪的命令：将全军所有的探照灯都集中起来，同时射向德军的阵地。

进攻开始了，苏军140台探照灯全都射向了对方的阵地上，照得德军睁不开眼。只能挨打，无法反击，就这样，苏军取得了胜利。

为什么灯火通明还能取胜呢？原因就在于他找到了问题的症结。原来准备晚上进攻是要利用天黑，敌人看不见，部队好隐蔽。而问题的症结就在于只要使敌人看不见，我们就好攻击。

所以这里"天黑"不是问题的关键，而让对方"看不见"才是根本。找到了这个根本就可以用其他方法让敌人有光也看不见。用强光集中照射就达到了这个目的，因而创造了这个奇迹。

可见，我们解决问题，不要急忙着手，而要认真分析，做好对问题的界定，这样你就会找到问题的根本，因而解决起来，就会少走弯路，提高效率。

十一、以实现为目标

一谈到成功人们都自然要讲方法。然而，方法多种多样，因人而异，因时间、环境、情况的不同而不同，没有一成不变的方法。当然也并非毫无规律可寻，它需要学习，更需要实践，要积累经验。

有个年轻人向一位富翁请教成功的方法，富翁摆放了三块大小不一的西瓜，对他说："要是每块西瓜代表一定的利益，你选哪块呢？"

青年毫不迟疑地说："我当然选最大的那块！"

富翁笑了笑说："那好，就请吧！"青年拿起那块最大的，富翁却吃起了那块最小的。富翁吃完了，很快又拿起桌上的最后一块西瓜，得意地在青年面前晃了晃，

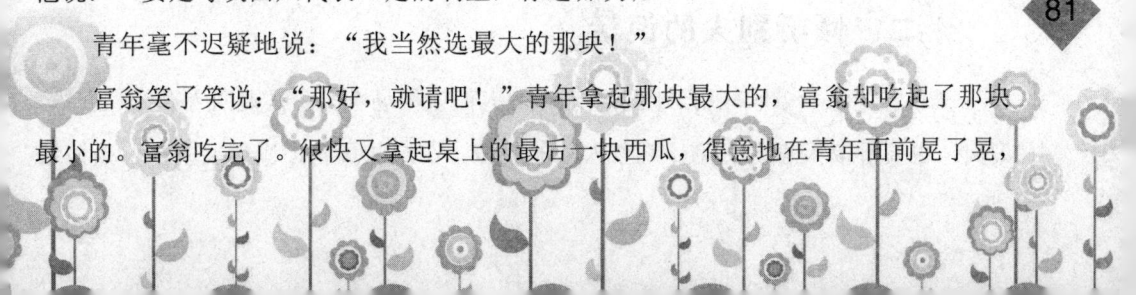

大口地吃了起来。

青年这时明白了：富翁吃的瓜虽不大，却比自己吃得多。如果每块西瓜代表一定的利益，那么富翁得的利益自然就比自己多。

富翁最后对年轻人说："小伙子，要想成功，就要学会放弃。有时只有放弃眼前的利益，才能得到长远的利益啊！"

可见，一事当前，要看你究竟想取得的是什么，只看表面，见眼前有利的就去获取，并不一定就真正有利。有时往往因眼前的一点儿小利而影响了大局，使得你失去了更多的利益。

据说法国曾有家报纸举办智力竞赛，出的题目是：如果巴黎的卢浮宫遭受火灾，在这紧急的情况下，只允许抢救一幅画，你将抢出哪一幅？

在寄给报社众多的答案中，有个叫贝尔纳的人答案最简单，他写的是："我要抢的是离出口最近的那一幅。"虽然答案简单，但是他却中了奖。

卢浮宫中有不少价值连城的名画，很多人觉得既然要抢救，就该抢出那最有价值的名画，这是常有的思维。

但是他们却忽视了一个特定的情况，水火无情啊！在这万分紧急的情况下，如果还是这种常有的思维，那就很难抢救画作。

贝尔纳就是充分考虑了这特殊的情况，他抢救靠出口最近的那幅画，是最有把握实现的，因而答案最优秀。

所以，要想成功，就要选取成功的最佳目标，这目标不见得就是最有价值的那一个，而是最有可能实现的那一个。因为最有价值而很难实现，就如水中之月，可望而不可即，而要获得成功就必须以能够实现作为前提。

十二、倾听别人的谈话

在推销商品、求职应聘、向人请教、与人商谈等场合，总是要向人介绍、宣传、询问，也要听取人家的意见，观察人家的反应。在这些场合，固然要主动、热情地

介绍宣传，但也要耐心地倾听对方的讲话。这一点往往不被重视。有的人在对方讲到一些与自己关系不大的事情时，就很难认真倾听，其结果往往是前功尽弃，只得空手而归。

一次，一位求职者去参加应聘的面试。他的应答都还不错，所以在面试结束之时，考官作了简单的评价后，就简要地介绍公司的基本情况。

求职者这时很高兴，他估计自己已经过关了。而对考官的公司介绍就没有了兴趣，因而在神情上表现了出来。考官很快就发现了，便马上收住了话茬儿，有些生气地说："看来，你对本公司还是不太感兴趣。我认为你还是应该选择你感兴趣的公司啊！"结果他这次求职自然以失败告终了。求职的失败就在于这最后一个环节，你不耐心地倾听，会让对方觉得你不尊重他，自然对你不会有好感。

美国一位汽车推销员，已经有了好几年的经验。有一次，他向一位商人去推销汽车，两人谈得很好，可是到最后，商人仍然拒绝签订协议，一笔很好的生意竟泡了汤。

他反复思量，自己没有说错什么话，也没有做错什么事呀，怎么生意就没有做成呢？一天晚上，他忍不住拨通了那位商人的电话，询问原因。那商人只简单地回答了他："我在谈话时你都不好好听，只是讲你的车子、车子。我不愿与这样的人打交道！"

原来如此！推销员这才回忆起那天的情况，原来谈好了价格以后，那商人一时兴起，讲起了他的家事。说为祝贺自己的儿子考上大学，准备买一辆跑车奖励他。可是推销员对这些毫无兴趣，根本没注意听。当商人问起哪一款跑车最时尚时，他竟没有听明白，所以对方仿佛受到侮辱似的，非常生气。想到这些，推销员后悔极了，他觉得这是一次不应该有的失误。

在与人交谈时，注意倾听人家的谈话，这在人际交往中是一种礼貌。这是对对方的一种敬重，同时也表现出自己的谦虚和诚恳，使对方觉得你很有风度。相反，当人家在谈话时，你或是在应付，或是心不在焉，就会给人以刺激，给对方留下不好的印象，有时使本来能成功的事也办不成。

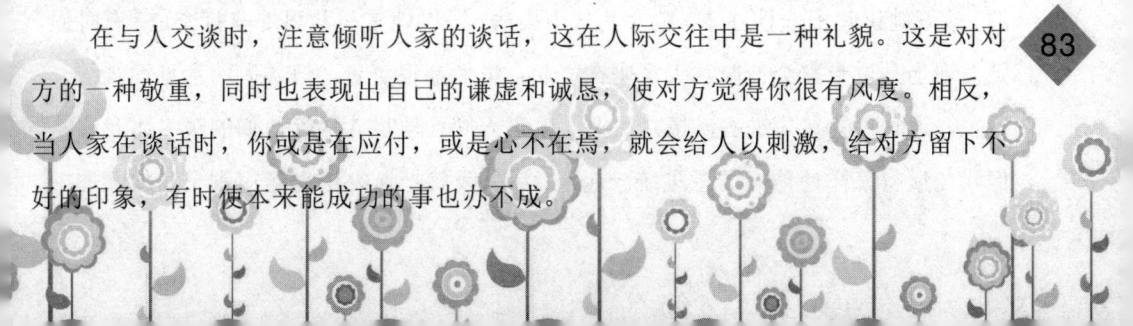

83

十三、借助他人的智慧

一个成就大事业的人，只有个人的才华是远远不够的，因为个人的聪明才智总是有限的，你再博学，也不能样样精通。因此一些成功的事业者往往都有个特点，那就是会用人，或者说善于运用他人的智慧。

我们读《三国演义》时，就会有这个感受。刘备并不是个很有才华的人物，面对危机，总是说："为之奈何？"得请别人出主意。虽然如此，但他谦恭下士。他三顾茅庐，请出了诸葛亮，借他的智慧，形势很快就改观，后来刘备当上了蜀汉的皇帝。

汉高祖刘邦也是如此。论他的才能也不是特别突出，但他开始时，能团结一些很有才能的人。在运筹帷幄上有张良，在管理财政上有萧何，在军事上有韩信。运用这些人的智慧，他终于由弱变强，打败了强悍的楚霸王项羽。史书上记载：刘邦当了皇帝后，有一次在宫中举行庆功的宴会。席间，他向大臣们提出了一个问题："我为什么能够转危为安，取得胜利？"当有的大臣恭维了他一番之后，他笑了笑说："你是只知其一，不知其二啊！说实在的，在运筹帷幄、决战千里这方面，我不如张良；在管理国家、安定人心、提供粮草方面，我不如萧何；至于带兵打仗，我更不如韩信。他们都是英雄，而我能够任用他们，发挥他们的才能，所以我能够取得胜利。"刘邦说得很对，正是这些杰出人才的智慧帮助了他。

古时候如此，现在也不例外。一位很成功的女企业家深有体会地说："我手下的人大都比我有才华，我不过是知人善用罢了，让他们同心协力，把工作干好而已。"当有人请教她怎样使大家能同心协力时，她笑着说这是她从自己的女儿看病时学来的。接着她讲起了一件往事。她女儿从小染病，所以她常与儿科专家打交道。有时候，她发现当几位专家会诊时，大家坐在一起，虽然都很负责，但各人的意见很难统一。她说，这时我就参与进去，想办法把大家引入同一轨道。尽管他们的医术比我高明，但我更懂得怎样使他们的意见统一起来。后来我就把这办法也运用到企业的管理中，发现也很管用。

当然，要获得成功不能不靠自己的努力，但这绝不意味着只是自己一个人的孤军奋斗。成功人士也需要别人的帮助，也需要他人的智慧。如果能善用他人的智慧，那么你就会变得更加聪明，工作就会更有成效，成功的速度就更快，把握就会更大。

十四、智者的勇气

道密尔是美国玩具业和工艺品界的一位传奇人物。他现在虽然拥有大量的财富，然而当年他只身闯荡美国时，却是身无分文。他本是匈牙利人，1945 年，他 21 岁时，一人来到美国，经过 20 年的努力，成为一位百万富翁。

当他刚到美国时，就表现出了他特强的生存能力。身上没钱怎么办？他就主动为同船的旅客搬行李，挣得了一天的饭钱。接着节衣缩食到处去找工作，让自己在美国生存下来。一次他到一家工厂去应聘，当了一名搬运工。尽管这是靠体力吃饭，但他总是早来晚走，不仅埋头工作，还主动做一些分外的事。仿佛他不是一名临时工，而是这工厂的主人。十多天过去，老板看中了他，就把搬运的工作交给他负责，把他的工薪提高了 6 倍。半年过后，道密尔辞职了，老板虽一再挽留他，但他没有留下，因为他有自己的想法，他要多了解美国，多接触社会，来锻炼自己的才能。于是他放弃了工厂的管理职位，在基层当了一名推销员。经过两年，他建起了一个庞大的推销网，他成了当地收入最高的推销员。

就在这不错的情况下，他卖掉了自己辛辛苦苦经营的成果，收购了一家即将倒闭的工艺品工厂。当时人们都讥笑他是个傻子，因为没有人会做这种看不出前景的生意，可是他却坚定不移。他接手后，马上进行了改革，裁减了大批员工，留下的员工则提高了待遇。接着又采取了看似违背常规的办法，提高了产品的价格。他对那些担心提价的员工说：工艺品不是日常消费品，关键是产品精美，只有这样，客人才不会斤斤计较。

85

5年后，在工艺品市场上，他获得了成功，然而，他并不满足，又开始了新的挑战，又收购了一家很不景气的玩具公司。他到这公司之后，除裁减了一些人员之外，还深入每个部门去调查，分别制订出改进的计划，仅仅用了6个星期，面貌就明显改观。他还加强了生产的管理，规定工人用的工具、材料要按顺序放在最顺手的地方，以提高工效。就这样，在机器没增加，人员还减少了的情况下，产量却增长了50%，使很多人都震惊了。就这样，道密尔成了商界一位敢冒风险的奇人。

道密尔的成功，可以说一是聪明，二是勇敢。他后来披露他的想法时说："即将破产的工厂虽有风险，但并不可怕。因为经营失败的生意，你容易找到他失败的原因。只要把那些缺陷改正过来，肯定就能赚钱。这比起自己从头来做，会省力得多，投资与风险也都会小得多。"

道密尔确实是很聪明很能干的。他的成功启示我们，要善于去分析，要多动脑筋，而且要不为人们的讥笑所动摇，要有智者的勇气。

第六章　人生的幸福

一、可能发生的意外

冬天快要到了，地里的庄稼都收割完了，农民们把打下的粮食储存起来，还备好了许多的饲料，准备为牲畜过冬用。他们知道每年的冬天牲畜饲料都很短缺，如果储备多了还可以卖上一个好价钱。

在村子里，一个老农这样的盘算着：快要下雪了，地里没有什么活了，但耕牛还是要喂的，如果现在把牛卖了，不仅可以省下饲料，所存的干草还可以卖上一个好价钱。等来年春天再买一头牛回来，不是同样可以耕地吗？

村子里的另一个老农却没有耕牛，但他也在想：在冬天里牛没活干，有牛的人家一定都想把牛卖掉，现在买牛一定是很便宜的。如果到了春天，用现在的价格可就买不来啦。

这两个老农都觉得自己的账算得有理而且精明，结果他们两个成交了。买牛的老农为了养活牛，只好又花了很高的价钱买下了干草和其他饲料。这本来是一件平常的交易，在村民的眼中也不过是一件小事情。但后来发生的事情却让人深思：

没有几天，一伙强盗闯进了卖牛老农的家里，不但抢走了所有卖牛得来的钱，还因为老农拼命阻拦被强盗给打死了。后来官府抓到了强盗中的一个，他交代说：他们本打算是去抢买牛的老农的，但是他的钱全都用来买牛了，所以才来抢卖牛老农的。人们听说后纷纷惋惜说："家里有现钱容易遭灾啊，如果他不把牛卖掉哪里来的这场横祸啊？"

买牛的老农当然也在暗暗庆幸自己早早的把钱花了出去，如果不是这样，那山岗上的坟包埋的可能就是自己了。但是天不随人愿，这年冬天突然闹起了牛的瘟疫，买牛的老农又花了好多钱也没能治好他的牛，只好眼睁睁地看着牛死去了。于是买牛的老农又陷入深深的后悔中：我当时为什么要去买牛啊？如果买一头驴或者买一匹马该多好呀……

不论大事还是小事，突发和意外对于我们是多么的重要啊！所以我们在做事情和处理问题时不但要考虑到过程，还要充分考虑到可能发生的意外。一个很小的意外完全可以毁掉事情的全部，甚至还要为此付出沉重的代价。

二、小事的细心

俄国著名作家果戈理曾经说过："我的作品不被人承认是我最大的痛苦。"他这句话并不是信口说出来的，而是有着它深刻的缘由。

有一天，果戈理特意邀请来十几位著名的诗人、作家，请他们来评论一下他刚刚写好的一个剧本。

待大家都坐下来后，果戈理便拿着自己的剧本充满激情地朗读起来。当时正值中午，读了一会儿，细心的果戈理发现著名的诗人茹科夫斯基紧闭着双目，打起瞌睡来。果戈理不知这位年纪很大的诗人有午睡的习惯，就停止了朗读，说："我非常感谢茹科夫斯基先生，他的瞌睡是对我这个剧本最好的批评。"说着，毫不惋惜地把手稿扔进了火炉里，众人想阻拦已经来不及了，眼睁睁地看着手稿化为灰烬。

在1831年秋天，果戈理的又一部短篇小说集《狄康卡近乡夜话》问世了。在这部作品中，果戈理非常巧妙的采用俄罗斯民间故事和传说的形式，用乌克兰民族特有的朴素、优美、幽默的语言，成功地塑造了社会各界普通人的美好形象，情节也生动感人，小说刚一出版，立即在文学界引起广泛的反响，果戈理的名字也开始响亮起来。但是没有谁知道，他这部作品之所以获得如此大的成功，完全来自他对

让 你 更 快 乐

一件小事的细心：

　　有一次，果戈理到印刷厂修改自己正在排版的书稿，他来到排字房，发现几个排字工人不是在工作，而是在手捂着嘴不停地笑，果戈理感到很奇怪，他走近一看，原来工人们正在为一位很有名的幽默作家的书稿排字，工人们是看到了书里的故事才发笑的。这件小事引起果戈理极大地关注。于是，他每天都要到排字房里来，观察为自己书稿排字工人的反响。如果他自己认为是很幽默的故事，但排字工人看却没有反应，他就一定要拿回去重新修改。有一天，他见几个排字工人拿着他的书稿在低声交谈，就上前去问："你们是在说这个故事写得不够好吗？"

　　工人们并不知道眼前的人就是书的作者，就说："我们在说这个故事犯了一个常识性的错误，作者说这个传说是俄罗斯的，其实它是乌克兰的。"

　　果戈理听后立即来到印刷厂的负责人的办公室，请他把自己的书稿马上停排，让他拿回去重新修改。果戈理拿回书稿后，用了两个月的时间，把书中所有引用的民间故事全核对了一遍，直到准确无误，才重新交回了印刷厂复排。

　　果戈理这种严肃认真、一丝不苟，善于从小事上发现问题的写作态度在当时俄国文学界是相当有名的。

　　有一次，文学家棱罗古勃来访，他进屋就说："果戈理，大家都说你善于从小事上发现大问题，你能不能马上说出从我身上看到了什么小事，有什么大问题？"

　　果戈理站了起来："让我和您的夫人去说吗？"

　　"您说什么？"棱罗古勃惊讶得站了起来。

　　"别紧张，您昨夜一定在您的情妇那里。"果戈理知道棱罗古勃在乡下有一个情妇。

　　"你是怎么知道的？"

　　"您看您的靴子上还有黄泥，虽然擦过了，但没擦得很认真。这种黄泥在彼得堡的街道上是找不到的。"

　　结果是棱罗古勃彻底折服，为不让果戈理把他在情妇家过夜的事情说出去，他还请果戈理吃了一顿丰盛的晚餐呢。

对小事的细心，本是对大事的负责，日常生活中，我们常常可以见到一些不拘小节的人和事。也正是这些小事常常会引发大的矛盾，"千里之堤，毁于蚁穴"也正是这个道理。

如果我们做一个善于留心小事，观察小事，能从小事中发现大道理的人，那么你距离成功的路途就越来越近了。

三、做好每件小事

美国著名企业家甘布朗被誉为奇人，之所以有这样的说法是因为甘布朗有一句口头禅："你如果认为这是件大事，那么你不要来找我。"

甘布朗从小就有一种与生俱来的独立性格。从 6 岁开始，他就找到了一份送报纸的工作，但他发现送报时主人往往不在家，送到的报纸不是有时丢失就是被雨淋湿。于是他就为经常家中没人的订户做一个装报纸的小木箱挂在他们家的门前，后来许多订户也纷纷效仿，自己制作木箱。聪明的甘布朗意识到卖报箱是一个很好的行业。于是他就说服父亲在一家工厂订做一批小木箱，回来后自己喷上油漆，取名为：甘布朗报箱。报箱一上市，果然十分抢手。

在甘布朗 26 岁时，他已拥有了机车机械训练学校、机车经销店、出租车公司、制片公司四家企业，自己担任了这些企业的董事长。但有趣的是，在他的企业与客户谈判、签约时，从看不到甘布朗的身影，都是由他的委托人代理。而这时的甘布朗不是在开车兜风，就是在公司里闲逛。

有一次甘布朗发现一位员工眼圈发黑，精神不振，一副心事重重，睡眠不足的样子。他问道："你这是怎么啦！有困难吗？"这位员工说他这几天与老婆吵架了，心情很不好。甘布朗问明了这位员工家的住址，立刻亲自开车来到他家。员工的妻子非常惊讶，以为丈夫在公司发生了什么意外，必须要董事长亲自出面。当听说甘布朗是为他们吵架的事情来调解的，员工的妻子不好意思地笑了，说他们吵架都是因为鸡毛蒜皮的小事，哪想到劳动了董事长的大驾，并保证今后不吵了。

后来，甘布朗在公司员工聚会上宣布："哪位员工与家里吵架都必须到他这里来报告，由他亲自出面调解。"他说："家庭成员的矛盾对于公司来说是小事，甚至是不关公司的事，但是有一点必须记住，员工的心情就是公司的利益，直接涉及到整体的效能，如果你们认为这是小事，那么我就专管这样的小事。"

有人曾看过甘布朗管理公司的日记，发现上面记的全是些婆婆妈妈的事情：如哪位员工哪一天好像没有洗脸就来上班了；哪位员工的袜子穿反了；哪位员工在工作时没戴手套等等。后来有人问他为什么要记这些，他说："你从处理结果上就能看出它的意义，没有洗脸的员工工作在公关部，不洗脸我想可以直接影响到公司的形象，而穿反袜子的是从事质检工作，我想这样粗心的人不适合这个岗位。我当然不会去处理在工作中不戴手套的工人，但我要找他们部门的安全负责人，你不认为这些小事都在反映着大问题吗？难道这些不影响公司的前途和命运吗？"

甘布朗在总结自己时说："可能是我性格的关系，与我们公司有多年业务往来的企业负责人却不认识我，我当然也不认识他们，但我熟知我们企业的每一位员工，我想他们的喜怒哀乐都与我的公司有关，他们的事情我都要亲自去做，也许正是这样，我才创造了一些奇迹，我就像一个拥有大量金钱，却认不出钞票面额的人，我也正是从这些别人认为是最小的小事中，找到了我工作的最大快乐。"

人生最大的快乐不是在于他拥有什么，而是在于他去追求什么。一项事业的成功与失败应该是最大的事。但如果不善于处理涉及到它的小事，这些小事就像一个病毒开始侵袭事业的肌体，当你真的发现在大事上出了问题，那么"小事"所繁衍出的"病毒"就可能无法控制了。

我想将一位伟人的名言换一种说法：一个人想做好一件大事并不难，难的是一辈子都做好每件小事。

四、贵在持之以恒

贝克勒尔是个做什么事情不达目的誓不罢休的人，他潜心研究光学理论，研究

荧光和磷光。在 1895 年伦琴发现了 X 射线。这更增强了贝克勒尔研究光的兴趣，他在极力推想是否有什么荧光才能放射出 X 射线来。于是，他开始实验，虽然尽了很大的努力，结果却什么也没有发现。同事们说："X 射线的发现已经是一个惊世之举，你再深入地弄下去还能有什么结果？再说与 X 射线比较起来，你的研究还能大过它吗？"

当时贝克勒尔却在想：X 射线的确存在，但世界上究竟都有哪些荧光物质能释放出 X 射线来似乎是个谜，如果不从这些小事上一个一个地实践，这个谜就永远也解不开。于是，他仍是坚持不懈地一项接一项研究、实验下去，虽然仍是一次接一次的失败。

1896 年 2 月 24 日，他用铀盐这种荧光物质再次实验。铀盐在阳光照射下会射出磷光，他用两张厚厚的黑纸包了一张感光底片，在黑纸的上下放上铀盐，拿到室外阳光下晒几个小时，想看看会有什么情况出现。经冲洗，发现底片感光了，这说明磷光中含有 X 射线。以后几天他都想做同样的实验，可是连续几天阴雨，不见阳光，他只好把所有的实验验器件放到抽屉里。

到了 3 月 1 日，贝克勒尔再也按捺不住了，他不肯再等下去，决定继续实验。他是个细心的人，实验前他抽出两张底片检查了一下，看看是否漏光了。他把底片冲出来一看，不禁大吃一惊：没想到两张底片已经感光，而且有一张底片轮廓十分强烈，上面还有铁锁的影子。

这是这么回事呢？底片是用黑纸包好的，不应该感光。铁锁是他随手放在抽屉里的，它正好落在那卷底片上。那瓶铀盐是放在桌子上的，没有阳光的照射，它不会射出磷光的，但是底片是怎么感光的呢？想来想去，最后他想到：一定是铀会放出一种看不见的光线，它能透过黑纸，使底片感光。即使没有阳光的照射，不受阳极射线的侵袭，在黑暗中也能进行。他又经过一系列的实验研究，终于证明了像铀这类的荧光物质也具有天然的放射性，由此他发现放射现象。在 1903 年他与居里夫人一同获得了诺贝尔物理学奖。

多少年以来，在世界许多国家都有人将许多种矿石放在一起冶炼，他们最初的目的是想炼出一种长生不老的药物来，比如中国的炼丹术。虽然这种枉费心机的冶炼谁也没能成功，但因此产生了化学、物理、金属等等。我们在日常生活中也常常会碰到这样的情况：在做一件小事时，却获得很大的意外结果。

若是漫无目标，放任自然，倒不如抓住时机，哪怕已经失败，但还有另辟蹊径的机遇，坚持不懈地做下去，实践下去，这也许是一件小事，做完后看看结果，有没有什么转变，说不定你会从这小事中发现一个令人惊讶的、意想不到的大成功。

五、机遇是通向成功的梯子

乔托从小出生在一个贫寒的家庭，他童年开始就给富人家放羊。但他从小就有一个爱好：绘画。开始时，他拿着树枝在地上画羊，后来见到什么画什么。因为没有纸和笔，他就在路边的一块光滑的大青石上画画。

这天，他把羊赶到了山上，又坐在大青石边上拿着从家里带来的木炭画了起来。他画的画引起一位路人的注意，他停下来看乔托作画，看了一会儿，开口问道："孩子，你跟谁学过画画吗？"

全神贯注的乔托根本不知道身后站着人，他猛然回过头来一看，原来是个神父，便有礼貌地回答："您好神父，没有人教我画画。"

"你很喜欢画画吗？你叫什么名字？"

"我的神父，我叫乔托。"乔托说完继续画画。

过了一会儿，乔托回头一看，那位神父已经走了。但聪明的乔托却想：他为什么这样问我呢？他是不是也会画画呢？如果他是一个画画大师，我可以跟他学呀。

于是，乔托在放羊之余就到附近的教堂去找那位神父，经过打听他终于知道了，那天问话的神父名叫契马部埃，是当时佛罗伦萨著名的画家。但是，他一个放羊的孩子要见到地位很高的神父是一件困难的事情。于是乔托就和他的父亲商量，不去给人家放羊了，而是每天在教堂门前的青石地面上画画。父亲说不过小乔托，无奈

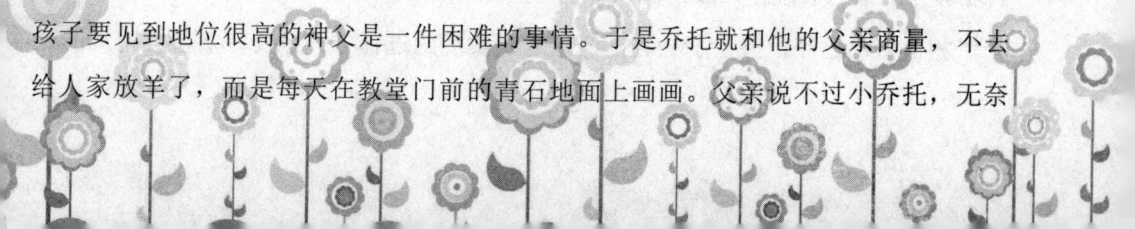

93

地同意了。从那天起，小乔托每天用木炭在教堂门前画画，到了晚上还要担来清水把弄脏的地面冲洗干净。

但让他奇怪和伤心的是：契马部埃几次走过乔托画画的地方，连看都不看一眼。乔托向他请教，他也像假装没听见一样理也不理他。

但乔托并没有灰心，仍是早早的来画画，晚上冲洗干净地面才回家。就这样，乔托一连坚持画了两个多月。快到第三个月的时候，神父还是不见他，乔托几乎有些绝望了。他的父亲也说："乔托，不要再去画了，高傲的神父是不会教我们穷人家的孩子的。"

乔托说："不，爸爸，我从第一次他问我的眼神和口气中能感觉得出，他一定会教我画画的！"

这天，乔托又早早的来到教堂的门前，开始他新一天的作画，他没画上几笔，神父走了过来，这时他一改冷冰冰的样子，和蔼地说："孩子，你在这里画了多长时间了？"

"已经100天了，神父。"乔托答道。

"是吗孩子，你很有画画的天赋，意志也很坚定，我愿意教你画画，你愿意学吗？"神父笑着问。

"当然，神父。我十分愿意。"乔托高兴地答道。

乔托从此拜契马部埃为师正式学习画画，他勤勤恳恳地给老师打下手，老师也将画中一些不太重要的部分交给乔托去画。他既聪明又勤奋，艺术方面的事情一点就通，一学就会。几年工夫，他的绘画水平完全可以和老师媲美了，成了意大利文艺复兴时期著名的画家。被誉为"美术上的但丁"。

机遇是通向成功的梯子，机遇有时很大，但有时又很小，不论是大是小，关键是看我们怎样把握和追求。在追求的过程中，也许会面对忍耐，面对绝望，只要我们能够为了信念去坚持，成功就在前面。

相信自己已经把握住了机遇，但机遇到实现的过程中一定要有痛苦或困难的过程。这个过程就像在经历一场暴风雨，你是躲避还是挺身抗击？最好的办法就是巍然屹立、振作精神。当暴风雨过去，你会发现原来自己用艰辛和努力营造出了一片理想的蓝天。

六、做事要有主次

日本一家企业在美国的新闻媒体上发布了一则广告，说他们有一大笔资金要在美国投入，真诚地在美国寻求合作伙伴。一时间美国工商界的巨头们纷纷跃跃欲试，因为他们看到这笔巨款的投入将会给他们带来丰厚的利益。

最后，美国工商界颇有名望的贝普·鲁斯卡接到日方的邀请，请他到东京来谈判合作事宜。鲁斯卡经过认真分析日本人的投资走向和合作发展趋势后，便带着几个助手和一大堆分析日本人精神、性格、习惯和心理的书上路了。

飞机在东京刚刚着陆，他马上受到两位专程前来迎接他们的日本职员彬彬有礼的接待。他们替他办好了一切手续，然后让每一个美国人乘坐一辆豪华的轿车。鲁斯卡坐在宽大的后座里问："为什么不让我们坐在一起？"因为他觉得这与书上说的日本人高效、节俭的性格很不相符。

"你们都是重要人物，我们必须同样的尊重。"日本人毕恭毕敬地回答。

一种自我优越感在鲁斯卡心头涌起，他想，看来时代真在变，连日本人的节俭作风都变了。以后的事情更让鲁斯卡高兴。

日本人恭敬地问："您是否按约定的时间准时回国？我们已经以最合理的时间安排了您在日本的日程安排。"他们说着将一张填写得密密麻麻的表格递到鲁斯卡手中。鲁斯卡一看更加高兴起来，原来日程中已满满的安排了从皇宫到神社等游览路线，甚至还安排了一天的时间专门用英语讲解日本"禅道"的短训班，日程表还专门标明这是为了让美国人了解东方的宗教风俗。鲁斯卡暗想，日本人想得真周到，连我喜欢旅游和想了解东方宗教风俗的事情都掌握得一清二楚。但细心的鲁斯卡发现，日程表中虽然安排得十分详细，却唯独没有注明正式谈判安排在哪一天。

95

　　而日本人说："我们已经为您准备好了返程的机票，您在日本有 10 天的时间，您可以任意选择在哪一天谈判。"

　　以后的事情几乎都按照日本人的安排有条不紊地进行：参观、旅游、听讲，每天晚上还要像日本人一样跪在硬地板上接受他们的盛情款待。一天下来，把美国人个个弄得疲惫不堪。只要美国人提出谈判，日本人总是充满关切地说："今天您是不是太累了，等到明天好吗？"

　　但到了明天，日程安排得更为精彩。好不容易到第 9 天，谈判终于正式开始了。但下午却安排了观看一场拳击比赛。日本人说这是全日本最高水平的比赛，10 年才举办一次，不可不看。第 10 天谈判继续，但刚刚进入关键时刻，又传来消息，日本的官方人士要来看望美国人，谈判又不得不终止。等送走了官方人士，刚要谈判，门外响起了汽车喇叭声，原来去机场的时间到了，这下美国人真的急了。没有办法，谈判只得在去机场的汽车上继续进行，因为时间仓促，美国人不得不放弃了许多预先计划好的条件。协议签定后，美国人叹了口气说："这次交易是日本人自偷袭珍珠港以后的又一次大胜利！"

　　要办成一件大事，必须先做好几件小事，或者在大事当中夹杂着许多小事。所以我们处理自身和周围的事时，必须事先形成自我的理念，作出相应的判断决策等。同时还要分清事情的主次，确定中心。

　　先要了解你要去做什么？最重要的是去做什么？然后再去做。这是做事容易草率、容易偏离中心的人的最好座右铭。假如所做的事情是通向成功的必然条件，就必须抓紧时间去做，没有养成做事有主次，有条理的习惯，一般来说是没有成功可言的。

　　小事处理不当，大事又岂能"独善其身"？

七、人间亲情

　　本来就贫困不堪的凡·高，自从娶了带着 5 个孩子的街头妓女后，生活境况简直糟糕到无以复加的地步。望着那6张可怜兮兮的脸，他的内心一阵绞痛："上帝啊，你为什么让世界上还存在着这些孤立无援、被人遗弃的人们？"

为了能让她们吃上一顿饱饭，他丢掉了自己坚强的个性，放弃了一个画家的尊严，去敲所有朋友的门，忍受着屈辱的煎熬。

虽然他有一位开着画廊的弟弟，但他知道，弟弟的日子也过得非常紧巴，而好心的弟弟总是想尽一切办法接济他，他作为哥哥，又怎么能总是向他求助？

这天，神情沮丧的凡·高饥肠辘辘地走进家门，弟弟兴高采烈地跟了进去。

"好消息呀哥哥！"

"我这样的倒霉鬼能有什么好消息？"凡·高神情木然地问。

"你的画……你的画卖掉了一张，4英镑呢！"弟弟举着4英镑兴奋地叫道。

凡·高像注入了兴奋剂，一把抱住弟弟："上帝啊，真是太好了！太及时了，我的救命钱！"

弟弟走后，凡·高一家立即买了一些水果，来到了弟弟家。

"弟弟啊，我的手足，没有你们一家的照顾，我简直不知会怎样。我……我谢谢你们了。"凡·高给弟弟深深地鞠了一躬。

弟弟赶忙拦住："哥哥你太客气了，我也为有你这样一位才华横溢的哥哥感到骄傲呢。"

这时正在吃着凡·高带来的水果的侄女说道："伯伯，爸爸说的是真的。他非常喜欢您的画，刚才还从画廊里拿回来一幅，就藏在里屋呢。"

凡·高一怔，不顾神情慌张的弟弟的阻拦，一下子冲进里屋，眼前的墙上赫然挂着自己的一幅画，一幅刚刚卖出去的，让他兴奋了许久的价值4英镑的画！

泪水猛地涌出他的眼眶，他喉咙哽咽地吐出两个字："弟——弟。"

凡·高生前过着我们无法想象的贫困生活，可以说他是世界上最不幸的人之一。但若以幸福而论，他也是一个非常幸福的人。因为他有一个十指连心的弟弟。弟弟用那比太阳还热烈的亲情来温暖着他，呵护着他，甚至包括他的弟媳，在弟弟死后

的十年里，为他奔走呼号，使人们终于认识到了凡·高的价值，凡·高九泉有知，也当含笑了。

人间亲情是你永远不能割舍的，也是绝不能忘怀的。它的点点滴滴，汇聚在一起，便是幸福源泉。

八、态度决定着威信和名望

公元 64 年，古罗马城发生了一场大火，这场整整燃烧了 6 天 6 夜的火灾，把城中 14 个街区烧毁了 12 个，连皇宫也未能幸免。而这场大火令人奇怪的不是越救越小，而是越救越大，这里刚刚扑灭，那里又烧了起来，最后整个罗马城变成一片火海。当时的皇帝尼禄也只好逃出罗马，并在中途绝望自杀。但鲜为人知的是，这场给古罗马带来灭顶之灾的祸首竟是一支小小的蜡烛。

公元 54 年，罗马帝国的皇帝克劳狄和他的几个前任皇帝一样，成为宫廷政变的牺牲品，所不同的只是这回杀死皇帝的不再是守卫皇帝的近卫军，而是克劳狄皇帝的妻子亚格里皮娜。

亚格里皮娜毒死皇帝克劳狄后，她的前夫之子，17 岁的尼禄登上帝位。尼禄在少年时期，曾是哲学家塞涅卡的好学生；他也热爱诗歌、绘画和音乐，但他又是罗马历史上一个以残暴淫奢而出名的暴君。他常自命为伟大的艺人，甚至会登台演戏，不务政事。一切国事都由他那垂帘听政的母后定夺。

当时的历史学家塔西陀曾对尼禄在宴会上的奢侈作过详细的描述。尼禄在要格里帕湖上扎了一个大木筏，宴会就摆在筏上，由别的船只拖着来回游荡。这些船只都用黄金和象牙进行装饰。湖边建立的许多妓院里，有众多的美女凭栏远眺和做出种种不雅的动作。每当夜幕降临，湖边丛林和寓所便歌声四起，灯火通明。尼禄皇帝好像还不满足于这种放荡的生活，想要寻求更多更大的刺激。

有一天，他在船上寻欢作乐时不慎碰倒了一支燃烧的蜡烛，火在地毯上很快地燃烧起来，空间立即亮了许多，众人要扑救，却被尼禄拦住了，他说："你们瞧，多么亮啊，马上换一条船，让它烧吧，让它把整个河流都照亮。"

于是，大臣们簇拥着他上了另一条船，那条燃烧的船缓缓顺流而下，火焰也越来越大。这时，突然起风了，而且越刮越大，燃烧的船顺流漂进了岸边渔民的船队，那些渔船也一条接一条的燃烧起来，在河岸边烧成一条火龙。

此时的尼禄非但不派人去扑救，反而手举着酒杯大叫："壮观啊，壮观！"

罗马城的居民对尼禄的专横残暴早已恨之入骨，见他如此将民众的生命财产视为儿戏，在弃船逃命后，有人点燃了岸上的店铺，一场祸及整个古国的大火便由此燃起……

一位伟人曾说过：星星之火，可以燎原。他所说的深层意义不是指具体的火，但尼禄皇帝却真是"玩火自焚"了。一个人平时对人、对事的态度和做法决定着在公众中的威信和名望，你的道德水准高，善待每一个人，每一件事，人们就会尊敬你，维护你。反之，就会抨击你，反对你。

是的，职业、金钱、环境等条件决定着我们生活幸福的程度，但能否处理好生活中的每一件小事正是幸福的根基所在。

九、爱的力量

爱像一盆花开出来美丽别人，自己也结出果实，爱是一种美好的人生情感，捧一颗爱心上路的人，一生也都将在爱里。

有这样一个学生整日里忧心忡忡，几乎看不到他的笑容。没有人问过他原因，严格的学校管理使同学们感到压抑，也使这个学生陷入了更加忧郁的境地，所以这个学生的成绩不好，还经常被老师责骂，这使他的自尊心受到了很大的影响。

有一年的冬天，学校里调来了一个很年轻的老师，老师对学生们很好，他正好教这个学生所在的班。新老师发现同学们的精神都很紧张，尤其是那个经常被责罚的学生。

新老师改变了学校以前对学生的教育方式，给孩子带来了一些温暖，所以学生

们对他都很敬重，而那个经常被责罚的孩子在背后偷偷地看着老师，新老师发现他的这一举动，便把他叫到办公室问他："你为什么总是不开心？"这些日子他感到老师是那么的善良，于是就把母亲对他的恶毒行为倾诉了出来。

原来，母亲对他经常又打又骂，因为一件小事就对他大呼小叫，甚至有时莫明地对他发火。新老师听了也为他感到可怜，又问："那你父亲呢？"他说："父亲经商，经常出门，很少回家。"新老师明白了，这个学生因为缺少爱，致使他的性格孤癖，对家庭有了阴影。老师问他："那你喜欢老师吗？"他微微点了点头。

一天他一个人正在教室里写作业，新老师走进来对他说："你想不想看书？"他好奇地问："看什么书？"老师递给他一本小说："这本书我看了好几遍，挺不错的，现在借给你看。"他高兴地收下了。老师说："一星期后还给我，可以吗？"他说："好吧。"结果才三天他就把书还给了老师，老师怀疑地看了看他："你都看完了吗？"他说："是的，我看完了。"老师还是不相信，为了验证他确实看完了这本书，老师就问了他一些书里的内容，结果他都能回答出来，老师非常高兴，便又把一本文学书借给他看。以后，他便经常到老师这里借书看，他逐渐从书里懂得许多的道理。

还有一次老师给全班的同学留了一篇作文，他以出色的成绩名列第一，老师便当着全班同学的面表扬了他，他感到无比兴奋，他从来没有感到过如此高兴，如此幸福，他的内心充满了激动。这件事后，他的自信渐渐地增强了，他渴望知识的愿望也随之增强，在他的内心世界里，老师对他来说是一笔巨大的财富。而这笔财富感染了他的一生，在今后的岁月里他创作出许多的文学作品，他也因此名扬天下，他就是巴尔扎克，一个拥有91部小说的作家。

为别人献一点儿爱心，是每个人都很容易做到的事，一句话、一个微笑、一束花、一本书就够了，这对我们并不损失什么，却可能因此帮助别人走出困境，同时也美丽了自己的一生，何乐而不为呢？

送人一束玫瑰，自己手上岂能不留香？

十、重新找到幸福

有一个小孩儿家境贫寒，但是脾气十分暴躁，生性好斗，总是和别人打架，就是自己的哥哥也经常和他过招，而且不认输。

有一次，他在街上和几个小孩子打架，结果把人打坏了，不得已只得给人赔礼道歉，并给别人看病。回家后，父母严厉地教训了他一顿，由于他个性倔强，父母对他又如此严厉，他一气之下离家出走了。

他来到一个小镇，看到一座教堂，就走了进去，主教看到一个衣衫褴褛的小孩儿走了进来，就问："孩子，我在这个镇上没见过你，你从哪儿来？"小男孩儿说："我来自一个离这儿不远的小镇。"主教说："你为什么来这里？"小孩儿犹豫了一下，说出了他怎么来到这里的经过，主教听了，感觉到这个孩子需要他的帮助。于是就说："那么你愿意和我谈谈吗？"

小孩根本不知道去哪里，所以就说："那么您能给我一些吃的吗？"主教笑着说："当然可以，你跟我来。"

于是他跟主教进了里屋，主教给他拿来一些糕点让他吃，当他吃完后突然问主教："您要跟我谈什么？"主教先是一怔，然后笑着问他："你有什么理想？"小孩儿说："我想当一名出色的军官。"主教说："是这样，那么你需要一个能帮助你的人。"小孩儿迫不及待地问："是谁？"主教说："你现在赶回家，在路上遇到人家，如果敲门不超过三次就有人为你开门的人，就是能帮你的人，只要你听他的话，就一定能实现你的理想。"

小孩儿听后很高兴，他仿佛抓到了一条希望的绳索，然后离开了教堂，向回家的方向走去。中途他路过另一个小镇，此时已是晚上，他去敲一家农户的门，他敲了三下，没人开门，他又敲了几下只听里面的人问："是谁呀？"他没有回答就走了。他又来到另一家门口，敲了三下，仍然没人给他开门，又敲几下，里面的人才慢吞吞地回答："已经睡了，明天再来吧！"他心里有些失望，却不死心，于是他又来

到一家商铺门口，心想这家是做生意的，他一定会很快开门的，不料他敲了五下门，里面的人才说："你要什么东西？"他已经心灰意冷，没有回答里面的人，便离开了这里。他怀着希望又犹豫的心情试了几家，情况和之前的差不多，没有一个人在他还没有敲完三下门就把门打开的。他失望、生气，并开始对主教的话产生怀疑，他绝望地向自己的家走去，半夜才赶到家，他怀着不安的心情举起了手，他在想如何去面对父母，犹豫一会儿，还是敲响了自己家的门，当他敲到第二下的时候，门突然打开了，他看到了父亲那憔悴的脸庞。当父亲看到自己的儿子回来时眼睛微微有些湿润，然后一把将小孩儿搂在怀中说："孩子，你终于回来了。"这时听到里面的母亲在说："是儿子回来了吗？""是的，快过来看看咱们的儿子。"借着灯光，他看到父亲和母亲都瘦了许多，并且还显得十分疲惫。他从母亲那里知道，她的父亲为了找他几乎找遍整个小镇的每一个角落，此时的小孩儿刹那间想起了主教的话，他什么都明白了。

这个小孩儿后来被父亲送到了军校去学习，最终成为历史上赫赫有名的统帅，他的名字叫拿破仑。

在你失意、忧伤、受挫折时，千万不要忘记你身边最亲的人——你的父母，尽管他们不能直接帮你，但是他们会给你真正的爱，给你信心，使你无论遇到什么风浪，都会坦然去面对，这是一种最值得珍惜的幸福，你千万不要把他们遗忘。

十一、从一些小事中看到大事的玄机

基辛格 31 岁时，以优异的成绩取得哈佛大学博士学位，随即在该校任教。他的外交知识极为渊博，当他在国家安全会议上发表意见时，不但无人能驳倒他，而且跟他辩论的人，经常会遭受"知识屈辱"的威胁。但是从那时起人们就发现他是一个从不为小事发火的人。

基辛格从不为小事发脾气，但在大事面前也从不含混。平时谈话夹杂着幽默、机敏、自尊。有一次，他应邀演讲。主持人介绍他后，听众不但全体起立，而且掌声不断。最后掌声停止，听众坐了下来。

基辛格风趣地说："我非常感谢大家停止鼓掌，因为要我长时间表现谦虚是件很困难的事。"

基辛格在担任国务卿时，有一次设宴款待联合国外交使节团与记者团，他在宴会开始时致词说："各位外交官先生，你们的周围都是新闻记者，说话要多留神，想一想你们是不是在一些小事上没有检点自己。各位记者先生，你们的身边都是外交官，他们什么都知道，但你们的文章一定要抓住他们的大事啊。"

当年基辛格游走于华盛顿、巴黎、北京、莫斯科，进行穿梭外交。有一天他突然对记者们说：下星期世界可能会有危机出现。

记者问他原因，基辛格不无幽默地说："因为今天我发现各大媒体报道的都是小事。说明这里面隐藏着很大的危机。"

有记者采访基辛格处理各种事情的方法和经验，他对记者说："我其实是一个不善于处理大事的人，但我能从一些小事中看到大事的玄机。"

从 1968 年到 1976 年的八年之间，基辛格深受尼克松与福特的倚重，被视为总统之外的第二号人物。他服膺有限度战争的理论，主张维持各强国间的均衡，并坚信越战可用谈判方式解决。他果然以谈判方式结束了越战，并因此在 1973 年获得诺贝尔和平奖。

一个人，时时注意周围不论是大还是小的动态是很有必要的，也许都与你的切身利益有着或大或小的联系。这也是关心这个社会、关心他人的表现。有些人为了自己的一些小事总是说些毫无意义的怨言，到头来只是一害社会，二害他人，三害自己。

唯有在清醒、冷静的时候提出适当的批评，而且在批评之后，进言改革之道，才能有效地去恶从善。否则，你的事在别人的眼中就永远是小事，如果变化了，说不定就是危害自己的大事。

十二、最佳的拒绝

在 70 年代初期，为了中东和平奔波劳碌的基辛格虽然日理万机，但他仍想有机会去光顾一下在耶路撒冷地区很有名的"芬克斯"酒吧。

有一次，他在耶路撒冷好不容易有了空闲时间，便拿起电话亲自打给"芬克斯"酒吧订餐，接电话的也恰好是店主罗斯恰尔斯。

基辛格说："您好，我是美国国务卿基辛格，我和我的 10 个随从人员马上要到您的酒吧里就餐，请您谢绝其他顾客好吗？一切的损失都由我们来承担。"当时的基辛格在中东各国可以说是无人不晓，因为他掌握着中东命运的大权。到一个小小的酒吧用餐提出这点儿要求他想是完全没有问题的，他作为一个伟大的人物能光顾这个小酒吧，这本身就会提升这个小酒吧的形象。不料电话另一端罗斯恰尔斯的回答却令他十分失望：

"尊敬的国务卿先生，您能光顾本店是我们莫大的荣幸。但是您要求我们谢绝其他的客人是我们做不到的。他们都是我们的老顾客，是他们在支撑着酒吧的生意，为了您把他们都拒之门外，这是无论如何也做不到的。"

基辛格大叫道："难道你不知道我的身份吗？我的光顾会给你带来更大的名望。"

罗斯恰尔斯笑道："基辛格先生，我们酒吧经营的不是名望，而是信誉。"

基辛格一听涌上了火气，想不到一个小小的酒吧老板竟与他讲起了大道理，他冲着电话又叫道："让你的信誉见鬼去吧！"说完"啪"地一声挂了电话。

第二天傍晚，基辛格又有了闲暇，想起昨天的事情他感到很内疚，自己作为一个名满世界的人物与小小的酒吧老板发火无论如何是不应该的。于是他又拨通了"芬克斯"酒吧的电话，接电话的仍是老板罗斯恰尔斯。基辛格先对自己昨天的失礼表示深深的歉意，说这次他只带 3 个随从，只订一张桌子，而且不必谢绝其他的客人，他们可以与大家一同进餐。这对基辛格来讲已是最大的让步。但是，对方的回答又一次让他大感失望。

"非常感谢您对本店的信任。但是我还是不能接受您明天的预约。"罗斯恰尔

斯这样回答道。

"为什么？"基辛格大惑不解地问。

"因为明天是星期六，本店照例休息。"

"但是，我后天就要离开你们的国家，你破例一次不可以吗？"

"当然是不可以的，星期六是我们犹太人朝拜的日子，这一天对我们来说是最为神圣的，这一点我想您也十分清楚。"

基辛格听完什么也没说，满脸不悦地挂断了电话。

当时就有人问老板："基辛格到你这个小酒吧来做客，是一件多么大的事情呀，他如果一讲出去，你的酒吧在全世界都会有名望的，你怎么可以拒绝呢？"

罗斯恰尔斯神秘地笑了笑："你们看看吧，还会有比这件事更大的事情发生，我的酒吧会在全世界有名望的。"

果然，没几天这件事被无孔不入的记者们知道了，他们纷纷前来采访基辛格要来"芬克斯"酒吧的情况，罗斯恰尔斯便把事情的经过讲给他们。不久，世界上的许多大报刊都以"基辛格在中东又遭拒绝""最佳的拒绝"发表文章，虽然文章有很大的改动色彩，但"芬克斯"酒吧在全球都有了知名度，它曾连续3年被美国《新闻周刊》杂志选入世界最佳酒吧前15名之内。

中国有句俗语：四两拨千斤。意思是说在竞技场上，可以巧妙地利用对手力量击败对手。在现实生活中，我们也可抓住机会利用别人的名望、威信来提高自己，推动自己，虽然不一定人人都有机会接触到名人、伟人，但在我们周围有许多具备优点和强项的人，他们的行为有时对自己来说可能是一件小事，但你只要善于从中领悟、发现、把握和利用，说不定就会变成对你有决定性改变的大事。

十三、舍弃光环

美国耶鲁大学300周年校庆的时候，全球第二大软件公司的行政总裁、世界第四富艾里森应邀参加典礼。艾里森当着耶鲁大学校长、老师、校友、毕业生的面，

说出一番惊世骇俗的言论。他说："所有哈佛大学、耶鲁大学等名校的师生都自以为是成功者，其实你们全都是失败者，因为你们以在有过比尔·盖茨等优秀学生的大学念书为荣，但比尔·盖茨却并不以在哈佛读过书为荣。"

这番话令全场听众目瞪口呆。至今为止，像哈佛、耶鲁这样的名校从来都是令几乎所有人敬畏和神往的，艾里森也太狂了点儿吧，居然敢把那些骄傲的名校师生称为失败者。但是还没有完，艾里森接着说："众多最优秀的人才非但不以哈佛、耶鲁为荣，而且常常坚决地舍弃那种荣耀。世界第一富比尔·盖茨，中途从哈佛退学；世界第二富保尔·艾伦，根本就没上过大学；世界第四富，就是我艾里森，被耶鲁大学开除；世界第八富戴尔，只读过一年大学；微软总裁史蒂夫·鲍尔默在财富榜上大概排在十名开外，他与比尔·盖茨是同学，为什么成就差一些呢？因为他是读了一年研究生后才恋恋不舍地退学……"

艾里森接着"安慰"那些自尊心受到伤害的耶鲁大学毕业生，他说："不过在座的各位也不要太难过，你们还是很有希望的，你们的希望就是，经过这么多年的努力学习，终于赢得了为我们这些人（退学者、未读大学者、被开除者）打工的机会。"

艾里森的话当然偏激，但并非全无道理。几乎所有的人，包括我们自己，经常会有一种强烈的"身份荣耀感"。我们以出生于一个良好家庭为荣，以进入一所名牌大学读书为荣，以有机会在国际大公司工作为荣，不能说这种荣耀感是不正当的，但如果这分迷恋仅仅是因为身份带给你的荣耀，那么你人生的境界就不可能太高，事业的格局就不可能太大。当我们陶醉于自己的所谓"成功"时，我们已经被真正的成功者看成了失败者，真正的成功者能令一个家庭、一所母校、一家公司、一个省份、一个国家乃至整个人类以他为荣。

有一位老师，已经年过半百了，在学术上的成就其实相当小，可他总是不忘提他当年的辉煌：他曾经是国内某著名大学某著名学者的弟子。他在那两个令人肃然起敬的名字下，傲视众生，到最后连本带息一起吃光。

可以说每个人的一生，都有过这样或那样的荣誉，头上都有过一顶又一顶的光环，但有的人把已经取得的作为争取更大荣誉的基石，有的人却在光环的笼罩下开始忘乎所以，再也无所作为。为创造更大的荣誉，拥有更闪烁的光环，你必须舍弃正在拥有和曾经拥有的荣耀，曾经拥有过的都是小事，你未完成的事业才是生命中最大的事！

十四、好心办坏事

一个下午，天气暖洋洋的，一群小孩儿在十分卖力地捕捉那些色彩斑斓的蝴蝶，我不由自主地想起童年时代发生的一件印象很深的事情。那时我才 12 岁，住在南卡罗来纳州，常常把一些野生的活物捉来放到笼子里，而那件事发生后，我这种兴致就被抛得无影无踪了。

我家在林子边上，每当日落黄昏，便有一群美洲画眉鸟来到林间歇息和歌唱。那歌声美妙绝伦，没有一件人间的乐器能奏出那么优美的曲调来。

我当机立断，决心捕获一只小画眉，放到我的笼子里，让它为我一人歌唱。

果然，我成功了。它先是拍打着翅膀，在笼中飞来扑去，十分恐惧。但后来它安静下来，承认了这个新家。站在笼子前，聆听我的小音乐家美妙的歌声，我感到万分高兴，真是喜从天降。

我把鸟笼放到我家后院。第二天，它那慈爱的妈妈口嚼着食物飞到了笼子跟前。画眉妈妈让小画眉把食物一口一口地吞咽下去。当然，画眉妈妈知道这样比我来喂它的孩子要好得多。看来，这是件皆大欢喜的好事情。

接下来的一天早晨，我去看我的小俘虏在干什么，发现它无声无息地躺在笼子底层，已经死了。我对此迷惑不解，不知发生了什么事，我想我的小鸟不是已得到了精心地照料了吗？

那时，正逢著名的鸟类学家阿瑟·威利来看望家父，在我家小住，我把小可怜儿那可怕的厄运告诉了他，听后，他作了精辟的解释："当一只母美洲画眉发现它的孩子被关进笼子后，就一定要喂小画眉足以致死的毒莓，它似乎坚信孩子死了总比活着做囚徒好些。"

107

从此以后，我再也不捕捉任何活物关进笼子里。因为任何生物都有对自由生活的追求，而这种追求无疑是值得肯定的。

当一件美好的事物被一个人所独享时，也许会给你带来一时的欣喜，但如果它是舍弃其他事物的自由来换取的话，尽管你出于好心，也是在干着一件非常愚蠢的事——你在扼杀自由和美。

十五、对欢乐的追求和渴望

她说："我等待了这么多年，到底是把你等来了。"

他说："我好像从一生下来就开始找你，找得我已经有点儿信心不足了，却忽然找到了你。"

她说："我简直不敢相信命运之神会把你赐给我。我简直不敢相信我会这样幸福。"

他说："我真应该感谢命运之神，那天要不是他点拨了我们，我们肯定又互相错过了。很可能互相再也找不到了。"

她说："真的，真是多亏了那个老人，多亏他那天戴了一顶草帽，多亏了那样的风。"

那阵风已经不存在了，他们决定去谢谢那个老人。那个老人在黄昏的时候总是独自坐在湖边，望着那片水，那天他们走过老人身边，她朝南走，他朝北走，正当他们就要擦肩而过的时候，一阵风把老人的草帽刮掉了。草帽沿着湖岸滚，她去追，可是草帽落进了湖中。他跑到湖边看看，挽起裤腿下到水里，把草帽捡回来。就这样他们认识了。后来，他们发现对方正是自己寻找和等待了多年的人，现在他们已是夫妻。

他们又来了湖边，见那个老人仍在夕阳中静静地坐着。他们恭敬地向老人说明了来意，老人闭目沉思片刻，问道："你们总是要有孩子的吧？你们的孩子也要有孩子的，你们的孩子的孩子总归也是要有孩子的吧？"

他们说："是。"

老人说："可我不能担保他们一代一代都是幸福的人，我想是不是就把这顶草帽埋在湖边，让他们之中随便哪一个不幸的人，也能到这儿来寻找他们不幸的最初缘由？"

对于幸福，并不是欢乐的本身，而是你对欢乐的追求和渴望，当你的追求都能达到期望的那样，那就是一种幸福。其实幸福在你身边，要看你是否真心去追求。

十六、世上最伟大的幸福

天快下雨了，一个母亲带着她的儿子匆匆走在大街上，忽然刮起一阵大风使他们睁不开眼睛，整个城市暗淡了许多。他们刚刚来到这里对一切还很陌生，母亲唯一的希望就是让自己的儿子上大学，尽管他们生活还很拮据，但让儿子上大学一直是母亲的心愿。

这几天他们已经相继去了几所大学，但都因为他们的贫穷而被拒之门外，这让儿子的心里受到了严重的打击，他实在不愿意看见自己的母亲为自己的事到处去奔波，即使是上大学也还要靠母亲干杂活挣来的钱维持他的学业，他怎么能心安理得呢？

一次他问母亲："为什么你对我这么好？"

母亲笑了："不为什么，只因为你是我的儿子。"

……

他们在下雨之前赶到了住的地方，儿子怀着不安的心情对母亲说："妈，我还是不去大学了，看到您疲惫的样子，我心里感到难过。"

母亲听了儿子的话，严肃地说："那样我会生气的，我不知道你为何这样想，记得在你很小的时候，我就教你认识许多字。那时的你既听话又可爱，每个人都很喜欢你，那是因为你从书中学到了许多道理。你可知道，上大学对你对我有多么重要？"

儿子听了母亲的话解释说："可我不愿看到你为此而操劳，因为我们的生活已经很糟糕了。在来这里之前，我们已经变卖了微薄的家产。"

母亲对儿子说："这些事，你都不用考虑，只要你上了大学把书读好，就是对我最大的安慰，答应我，你能做得到。"

看着母亲期盼的目光，儿子答应了她的母亲，可心里仍然有些矛盾，外面下起了大雨，儿子的心里久久不能平静。望着下雨的天空，不知这场雨何时才能过去。

吃过饭后，雨停了，天空中出现了一道美丽的彩虹，母亲带着儿子又踏上了寻找学校的路。这次她们找到了一所师范学校，母亲向校长说明了来意，可校方要求交一部分钱，这对本来生活就很困难的母子来说很难，看着母亲一脸焦急的神态，儿子再也忍不住了，他恳求地对校长说："求求您，收下我吧，您不知道，我的母亲为了这件事付出了多少代价。"然后儿子将他们的遭遇和母亲希望他上大学的决心说给校长听。

校长听完他说的话，沉默了一会儿，然后对母亲说："我很敬重您，尊敬的夫人，对您的事我很感动，不过这件事我们要开会研究一下，我会尽力帮助您的。"

母子虽然没有得到肯定的答复，但是，仍然对这所学校充满了希望。这是她几天来听到的最好的答复。

过了几天，校长笑着对这位母亲说："祝贺您，我们研究决定为您破一次例，仅此一次，让您的独生子明天来学校报到吧。"

"谢谢您，尊敬的校长先生，我将永远记住您。"母亲怀着喜悦的心情回去告诉了儿子。第二天儿子高兴地来到学校，在学校的录取单上填上了自己的名字：门捷列夫。

门捷列夫通过自己的努力，最终成为世界著名的化学家。

母亲的爱是不求回报的，也是最真实的。每一个母亲都疼爱自己的孩子，只不过方式有所不同罢了。聪明的母亲会为孩子的前途着想，不聪明的母亲只为孩子现在的快乐考虑。但无论是哪一种，都是一种幸福，只不过是幸福的长短不同罢了。那种不求回报的爱本身，也是一种幸福——世上最伟大的幸福。

十七、再渺小的事物也有伟大之处

一个六人组成的考察队在可可西里无人区突遇暴风雪，迷失了方向。天渐渐黑下来，老队长神色凝重地告诉大家，如此恶劣的天气，营救工作根本无法进行，我们必须设法度过今晚才有获救的可能。大家的心一下子跌到了无底深渊。谁都明白，这里夜间温度将达到 -37℃，要想在野外过一个晚上几乎是不可能的。

最后，他们发现一块上有凸出、下部凹入约一米的巨岩，大家一齐挤进去。六个人背靠背，蜷缩着，用彼此的身体取暖。

这时，一个队员猛然发现，他们栖身处的岩逢里竟萦绕着许多干枯的灌木枝！大家激动不已，把目光齐刷刷投向全队唯一的烟民——老队长。老队长心领神会，从怀里掏出一盒火柴。遗憾的是，火柴盒里的火柴仅剩区区几根了。

这里海拔数千米，氧气稀薄，寒风无孔不入，大家用身体挡着风，一根、两根、三根，火柴"哧"地一亮便熄灭了，腾起一缕青烟。仅剩最后一根火柴的时候，老队长不敢再划了。他清醒地知道，如果这根火柴再不能把火点燃的话，他们将魂断高原。

气氛骤然紧张起来，老队长拿火柴的手开始颤抖。狂风和雪粒打在脸上，六个生命，一根火柴，上演着与死神对峙的悲壮一幕！

深思熟虑了许久，老队长命令大家把臃肿的外衣脱下，拥在各自胸前，然后用身体围成一个圈，将老队长划火柴的手围得密不透风。在火柴擦向磷纸的刹那，每个人都竭力屏住了呼吸。"哧"地一声，火柴绽开一朵绚丽的火花，将浓重的夜幕撕开一角。老队长忙将自己的帽子点燃，放在树枝下。一堆火疯狂地燃烧起来！那一夜是何等的温暖啊！

生死之间，大家看到了自身的渺小，同时对那根救命的火柴产生了近乎崇拜的敬意。天亮了，沐浴着温暖的阳光，人们的眼里闪烁着泪花。

世界上再渺小的事物也有它的伟大之处，人生在世也不能坐等命运的恩赐，只

要有一线希望，就应该树立起百分百的信心。如果自轻自贱，不理会或不愿意去做好每一件小事，那么世界上就不会有奇迹的出现。

十八、黑暗中的独木桥

弗洛姆是美国一位著名的心理学家。一天，几个学生向他请教，小事对一个人会产生什么样的影响？

他微微一笑说："你们都知道什么是黑暗吧。"学生们回答："当然知道。"他就把他们带到一间黑暗的房子里。在他的引导下学生们很快就穿过了这间伸手不见五指的神秘房间。接着，弗洛姆打开这房里的一个灯，在这昏黄如烛的灯光下，学们生才看清楚房间的布置，不禁吓出一身冷汗。原来，这间房子的地下是一个很深很大的水池，池子里蠕动着各种毒蛇，包括一条大蟒和三条眼镜蛇，有好几条毒蛇正高高地昂着头，朝他们吐着信子。就在这蛇池的上方，搭着一座很窄的木桥，他们刚才就是从这座木桥走过来的。

弗洛姆看着他们，问："现在，你们还愿意再次走过这座桥吗？"大家你看我我看你，却不作声。

过了片刻，终于有3个学生犹犹豫豫地站了出来。其中一个学生一上去，就异常小心地挪动着双脚，速度比第一次慢了好多倍；另一个学生战战兢兢地踩在小木桥上，身子不由自主地颤抖着，才走到一半，就挺不住了；第三个学生干脆俯下身来，慢慢地趴在小桥上爬了过去。

"啪"，弗洛姆又打开了房间的另外几个灯，强烈的灯光一下子把整个房间照耀得如同白天，学生们揉揉眼睛再仔细看，才发现小木桥的下方装着一道安全网，只是因为网线的颜色极暗淡，他们刚才都没有看出来。弗洛姆大声地问："你们当中还有谁愿意现在就通过这座小桥？"

学生们没有作声。"你们为什么不愿意呢？"弗洛姆问道。"这张安全网的质量可靠吗？"学生心有余悸地问。

弗洛姆笑了："我可以解答你们的疑问了，过这座桥本来是件小事，可是桥下的毒蛇对你们造成了心理威慑，于是，你们就失去了平静的心态，乱了方寸，慌了手脚，表现出各种程度的胆怯，这就是一件小事对心态产生的影响。"

我们在面对各种挑战时，也许失败的原因不是因身单力薄，不是因为智商不高，也不是没有把整个大局看清楚，而是没有把困难看得太清楚，分析得太透彻，考虑得太详尽。一件小事，后面也会隐藏着大困难。相反，你在做一件大事时考虑到了许多困难，有时是很容易攻克的。

我们在走入生活之路时，千万不要忽略自认为容易办到的小事，有时，危机就潜伏在那里，会变成你实现目标的最大障碍。

十九、最宝贵的财富

有一位少年因为在小时候家道中落，便常常为自己的贫穷发牢骚。

有一天，天气很好，他独自来到湖边，忽然看到一位老人在钓鱼，于是他上前去看，只见老人一会儿就钓了半桶鱼，可老人又把鱼放进了湖中。然后又接着钓，钓够了半桶又放了，少年不解地问："您为什么把钓上来的鱼又放了，这样的话不如送给我。"

老人抬头看了一眼面前的少年说："钓鱼是我的乐趣，那你要这些鱼做什么？"

少年眨了眨眼睛对老人说："您不知道，我家很穷，根本买不起鱼吃，所以我要您钓的鱼回家去吃。"老人一听，就知道这是一个不求上进的少年，然后对他说："我的鱼不能给你。"

少年问道："这是什么原因？"

老人解释说："因为你有一大笔财富，而且是你最宝贵的财富。"

少年茫然，不知道老人是何意，便问："那我的财富在哪儿？我怎么一点儿都没看到呢？"

老人对他说："你的眼睛就是一笔财富，只要你把眼睛给我，我就可以让你得

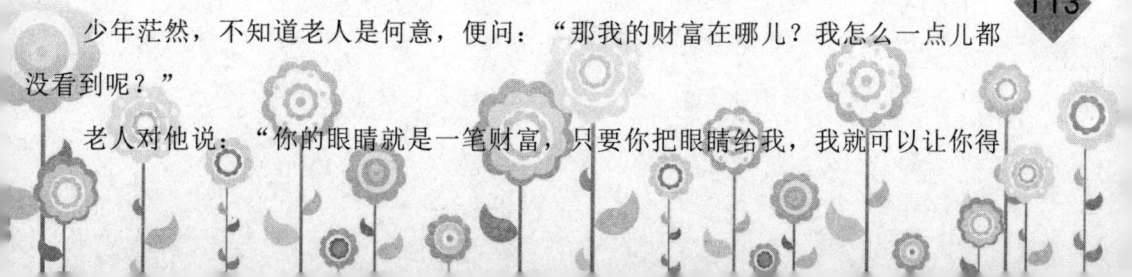

113

到你想要得到的东西。"

少年赶紧说；"不行，我不能没有眼睛！如果没有眼睛，我就不能正常走路，不能看见阳光下的一切了。"

老人说："行，既然你不把你的眼睛给我，那我就要你的一双手，我可以用一袋子金币来交换。"

"不行。我也不能失去我的手，没有手我就不能做许多我想做的事。"少年迫不及待地回答。

老人微笑着说："既然你有一双眼睛，你就可以看书，有一双手，就可以劳动，那么，你看，现在你有这么宝贵的财富，我怎么还能把我辛苦钓上来的鱼送给你呢？"

少年不语。

老人接着说："你的眼睛看书学习，可以增长你的知识，能看到许多有价值的东西。你的一双手可以劳动，去得到你想要的东西。只要你用心去使用它们，那么这就是一笔宝贵的财富，不管你现在有多么的贫穷，只要通过自己的努力，就能得到你想要的一切，你也就不再贫穷，况且你有这么宝贵的财富，怎么还要我的鱼呢？"

少年明白了老人的意思，回家后，再也不抱怨自己有多么的穷，而是发奋读书，多干活儿，最后终于得到了他自己的财富。这个少年就是大文学家萧伯纳。

人的一生也许会遇到许多挫折，但是我们每一个人都有一笔可贵的财富，那就是我们自己在生活中努力发挥自己的作用——用心求知，勤于劳作，那么就能得到你想要得到的东西。

第七章　人生的快乐

一、快乐起来的理由

国王病了，病得奄奄一息。对此名医束手，群臣无策。

这时，王后垂泪来到病榻前，问："陛下，您到底是怎么了？怎样才能让您健康起来呢？"

国王叹了口气，说："想我堂堂一国之君，什么样的荣华富贵没有享受过？然而我却越来越不觉得快乐，如此，当国王又有什么意思？"

王后啜泣着问："那您是什么意思？"

"去寻找一个天底下最快乐的人，我想知道他是怎样快乐的。也许，我的病就会好的吧？"

寻找天下最快乐的人的任务理所当然地落在了王子身上。他首先想到了天下最富有的人托比。

托比一脸愁容，一耸肩，很无奈地说："王子呀，你看我这样子快乐吗？不管是白天还是黑夜，我一会儿也没有快乐过呀。"

"你已经富甲天下，还有什么不快乐的？"王子很不解。

"王子呀，我活着的目的是赚到天下所有的财富，对于这样的目标，我何时才得以实现？"

王子又见到了一个国王。

"亲爱的王子，你说我快乐？天！你父王最了解我了，我们都想成为天下霸主，

每日里朝思暮想，到现在头发都剩下了几根，也不知哪天才能实现啊？"

王子只得继续寻找，他遇到了一位智者。

"王子呀，所谓的快乐在人间是不存在的，人间只有苦难和忧伤。要想真正地得到快乐，只有等到死后飞入天堂。"当然，智者的教诲王子是无论如何也不敢回禀父王的。

一路的寻找中，他遇到过农民、渔夫、士兵、老者……但都没有一个令他满意的答案。

有一天，已是万分疲惫的王子倚在一棵大树旁休息。这时一个乞丐走了过来。

"年轻人，夕阳这么好，你为什么在这里叹气呀？"乞丐笑着发问。

王子见他一身的邋遢相，万分恼火地喝道："死叫花子，我叹不叹气关你屁事！"

乞丐不恼反而笑得更欢："前面有条小溪，我们何不去那里洗个澡？泉水清澈，一个猛子扎下去，别提多快乐了。"

"快乐？你连晚饭都不知到哪里去吃，也会快乐？真是笑话！"

"现在离吃晚饭的时间还差得远呢，又何必想它？即便真的到了晚饭的时候，如果实在没人施舍我，捡两枚野果也饿不死啊。"

"那你晚上又该怎样过夜呢？"王子来了兴致。

"那还不简单，天就是被子，地就是床，怎么翻身打滚，哈哈，也掉不下床去的。"

"那夜里寂寞了，连个女人都没有又怎么办呀？"王子紧接着问。

"没有女人就不活了吗？也许女人是个累赘呢，反倒不快乐了。"

"那你身上有钱吗？"

"钱财是身外之物，生不带来，死不带去。多了不是被人算计就是让人打劫。再说，我一个要饭的要那东西何用？"

王子又问了似乎不该问的问题——权。

乞丐哈哈一笑道："说你糊涂你可能不爱听。权算个什么东西？从古到今靠权过日子的哪个快乐过？又有哪个能传到子孙呢？再说了，即使我当了丐王，充其量

我不还是一个叫花子头吗？"

王子问："到现在你都年纪一大把了，可谓一无所有，你到底凭什么这么快乐呢？"

"错了，年轻人！谁说我一无所有？我活着，我就拥有一切：太阳、月亮、春风、细雨、鲜花和食物。我活着，就是最大的快乐，我现在拥有的一切没有一样不值得我快乐。"

王子大悟，遂拉起乞丐奔回了王宫。

后来，乞丐做了宰相。

快乐是每个人都追求和需要的。你现在是否快乐，根源在于自己的感觉和克制自己的欲望，如果你的欲望超过现实所给予的条件，那一切就会成为虚妄。摒弃虚妄的最好方式就是珍惜眼前你所拥有的一切。你现在拥有的，其实都可以是你快乐起来的理由。

二、大事化小就是智慧

英国前首相丘吉尔有一套处理纷繁复杂事务的本领，他也善于在瞬间把看似很严重的问题轻松化解，难怪连当时的美国总统罗斯福都赞叹说："在丘吉尔面前，几乎没有能够难倒他的大事。"

1921 年，丘吉尔在美国各地巡回演讲。有一个反对英国的黑手党扬言要暗杀他，有人劝说还是停止演讲，以免发生意外。于是丘吉尔在每次演讲时都要对听众讲："我知道目前有人要暗杀我，但我想他们把'暗'字用错了，我们是处在大众光明的眼睛中的，我是演员，你们是观众，观众是不忍心让自己喜欢的演员被人打死的。"每次说完，听众们都报以热烈的掌声。果然，在一次演讲时黑手党的枪口瞄准了他，但没等他扣动板机，就被观众当场扭住。

117

1940 年，丘吉尔任首相不久，即赴美访问，他打算与罗斯福总统就外交政策上达成一致的观点。这天早上，罗斯福去访问住在白宫客房的丘吉尔。不巧丘吉尔

刚刚洗完澡，全身赤裸裸的走出浴室，罗斯福见状很生气，起身要走。丘吉尔却叫住了他，神色自若地说："这是英国首相对美国总统以诚相待的方式，表示没有任何隐瞒。"

丘吉尔说完，两个人哈哈大笑起来，不但化解了尴尬，而且一语双关，表达出了英国对美国的诚意。

还有一次丘吉尔在官邸举办宴会，请来了剧作家萧伯纳。萧伯纳与丘吉尔平时在某些观点上有分歧，经常在一起争执。而这天，萧伯纳在宴会上发言时说："首相先生，我明天有一部新的歌剧要上演，我送你两张入场券，一张给你自己，另一张送你要好的朋友，但我没有送出去，因为你已经没有了要好的朋友。"

乱哄哄的宴会厅顿时静了下来，人们的目光都投向丘吉尔，因为大家都听明白了，这是在奚落丘吉尔呀！

丘吉尔却不紧不慢地站起来，笑了笑说："非常感谢你的入场券，但很抱歉，明天晚上我没有时间。如果你的歌剧能演到后天，我请求你把入场券全部送给我吧，我会让我要好的朋友到你那儿去取的。"

众人听后报以热烈的掌声。萧伯纳本想在众人面前嘲讽丘吉尔，却不想被丘吉尔巧妙地顶回去了，还白白丢掉了一场门票的收入。

二次世界大战以后，丘吉尔在大选中失败，他的助手气喘吁吁地跑来报告这个消息："出大事了！首相先生，您没有被选上。"

当时丘吉尔正在浴盆中洗澡，听后坦然地说："这算什么大事？人民有权利让我下台的，这就是民主。现在我面临的大事是把身体擦干——请把浴巾递给我！"

有人每天都被连自己也说不清到底是大是小的事情困扰着，他们每天奔波劳碌，处理完这件还有那件，自己把自己拴在"事情连锁公司"当中，直至身心俱疲。

如果说每天真的有必要处理那么多事情，你是否先冷静地想一想，把事情分分类，哪些最大哪些最小？最大的事情有没有向最小转化的可能？最复杂的事情有没有最简单的处理办法？

若你不具备这种能力，就应该通过实践多加练习；有了这种能力，你就成功地走出了无端损耗自身能量的误区，你更会明白大事后面的小结果，小事后面的大道理。

把大事化小，将复杂变简单，这就是智慧。

三、多一点儿宽容和谦和

美丽而古老的巴黎以她无与伦比的魅力，每天都在吸引着全世界的游客，来自美国的富婆莱丝太太就是流连忘返中的一个，就连广场旁的林荫大道仿佛也被法国人的浪漫气息浸染，同样有着足够大的吸引力驱使她一路前行。

忽然莱丝太太被眼前的一位法国老人吸引：只见他一会儿给花坛浇水，一会儿拿起剪刀给那片冬青剪枝，内行、专注而且勤劳。

"这样的园丁在美国可不多见，我何不——"莱丝太太心里想着，便走上前去："你好！一看你就是一位非常出色的园丁。"

"谢谢您，我尊敬的夫人。"老人直起身，他的脸上现出一片喜悦的神色。

"我想——我想请您到美国去——您知道吗？我家有一座漂亮的花园呢。"

"那可真是太好了，夫人。"

"我可以付给你高于在这儿干的3倍价钱，甚至可以更高一些，您可能不知道，我们美国可是世界上最富裕的国家，而且我们家族在美国也是赫赫有名的。价钱当然不成问题。怎么样？"莱丝太太显然心情迫切，陈述的理由也很充分，开价很高。

"这真是一件非常诱人的差事，我都被您说动心了。可是，在我作园丁的同时，我还有一个职务在身呀。"老人显得很遗憾的样子。

"那算什么，我不管你还兼职什么，是送牛奶还是去守门，统统辞掉吧。我会加倍给你补偿的。"

"可是——"

莱丝太太不等老人说完，就打住了他的话："没什么可是的，明天就跟我上飞机，怎么样？"

119

"夫人，这事我自己做不了主。我只希望下次法国人不要再选我，我就主动去应聘。"

"选你做什么呀？"

"选我当一个非常要命的差使。"

"什么差使？真的很重要吗？"

"当然，这个差使就是法国总统，我尊敬的太太，我就是安里。"

在故事中，我们并没有看到身为法国总统的安里，对美国富婆要聘他为园丁而火冒三丈，大发雷霆。仿佛这件事并没有损总统的威严。

宽容和谦和是人生的崇高境界。不管什么时候，没有一颗平常心的人是不会成就一番大业的。

四、兴趣与爱好

孩子们的兴趣是广泛而影响深远的。

有一天，一个小男孩儿因迷恋大海，而翻箱倒柜地寻找爸爸的一本书。因为那本书上记载着如何制作一只船的模型的知识。

书架上没有，床头柜上也没有，就连他父亲平时存放上等烟丝的地方都找了个遍，也没见那本书的踪影。万般无奈之下，他像一只小猫，钻进了父亲和母亲的那张双人床下。

哟，床下还真是糟糕，不但有灰尘，还结了蜘蛛网呢，但功夫总算没有白费，虽然没有找到那本关于船的书，但却找到了一本《马可·波罗游记》，是大旅行家马可·波罗亲历世界的散记，其中的很多情节深深地吸引着他。小男孩儿一遍又一遍地读着它，简直到了如醉如痴的地步。甚至连关于怎样造船的书都忘得一干二净了。

他的弟弟对此很是不解，趁他不注意的时候，偷偷地拿过来翻看了一下，但在不经意间把书给弄破了。

于是，小男孩儿大发雷霆，差一点儿将拳头砸向弟弟的屁股。

小男孩儿很羡慕马可•波罗的生活，从那时起，他便被美丽而传奇的故事所吸引，尤其是很希望到神秘的国家——中国去，他很想知道外面的世界倒底该有多精彩。

他开始关注气象方面的知识；他开始锻炼自己的身体；他开始搜集一些关于探险方面的个案；他开始做一个大胆的梦了，那就是他想通过自己的努力向世人证明，我们生活着的地球到底是什么样的。

为此，他的老师曾对学生们说："我的一生，能引以为傲的，极有可能会出现一位伟大的发现者。"

最后，他被老师料中了，他真的成了"美洲大陆的发现者"——他就是哥伦布。

人的一生起关键作用的其实很简单，一但某一契机和你的兴趣与爱好合拍，它很可能就会为你确定了今生的人生目标。也就是说，能够影响我们一生一世的往往是一次偶遇，一个场景，一本书或一句话。

兴趣的力量是巨大的，找到和借助它，你已经成功了一半。

五、乐趣是工作的兴奋剂

法国著名小说家巴尔扎克一生共完成了90多部长篇小说，他勤奋写作的难度是可想而知的，但是就是在他夜以继日的写作里，他的日常生活中仍然充满了情趣，他自己做出了许多情趣盎然的小事，其中充满了他的学识和智慧。

巴尔扎克的想象力极为丰富，所以他在写作时不需要任何参考书籍，似乎所有的参考资料都在他的脑海中，只要构思好一个素材，写作时便文思泉涌，一篇篇好的文章便不断地从笔下流出来。但在巴尔扎克的书房里，却有巨大的书架，远远望去，满架都是世界经典名著，从那一册册的书上看，许多是人们几乎从没见过的。有一次，巴尔扎克在一个小型演讲会上说："我写作从不参考其他的资料，再说我也没有可去参考的东西。"

人们听了之后一片哗然。有人问道："巴尔扎克先生，你说没有资料可去参考，

那你的书架上摆的是什么？"

巴尔扎克笑着回答："哪是书架？是我的墙壁。"

"我不懂您说的是什么意思？"那个人继续问道。

"好吧，先生们，今天我就请大家参观一下我的书架，如果你们需要，上面的书可以全部拿走。"巴尔扎克说着把大家领进自己的书房。

当人们走近书架，伸手向那些书摸去时才知道，这个巨大书架上面的书都是画的。

有人惊讶地问："巴尔扎克先生，您这样做是为什么？是为了充门面吗？"

"是的，我只要看到这些书，就能想到书中的内容，再说，像我这样的作家，能没有世界名著吗？"巴尔扎克说完，便哈哈大笑起来。

巴尔扎克虽然写作繁忙，但在生活中却充满了机智、幽默和情趣。有一次，他到邮局去取一个朋友寄来的包裹，但人到了邮局后却发现自己没有带证件。工作人员唯恐他是冒领，就是不付给他。巴尔扎克说："你们不认识我，但知道我的名字吧？那我给你们写故事吧！"他说着便拿过一张纸伏在柜台上写了起来。他写了一个小幽默递给了工作人员，他们看了被逗得哈哈大笑。他又写了一个，大家笑得更厉害了。他们说："好了，我们相信你是巴尔扎克了，但是我们要罚你再写三个笑话，就把邮包交给您。"

巴尔扎克笑着说："好的，你们罚我写六个故事吧，但要给我两个邮包。"

工作人员又被逗得大笑起来。

在生活中巴尔扎克不仅对待朋友如此，连对待小偷也如此。有一次，他夜半醒来，发现一个小偷正在翻他的抽屉，就忍不住笑起来。

小偷惊讶地问："你笑什么？"

巴尔扎克说："我笑你偷东西以前没打听明白谁是有钱的人家，我在白天自己翻了好久，连一毛钱都没找到，你黑灯瞎火的能找到什么？"

小偷自讨没趣，拔腿要走。巴尔扎克又说："请你顺手把门给我关好。"

小偷说："你什么东西都没有，关门做什么啊？"

巴尔扎克幽默地说："我的门不是用来防盗的，而是用来挡风的。"

在生活中，我们常常可以见到满腹牢骚、怨天尤人的人，好像不是他应该怎样去面对世界，而是世界应该怎样去对待他，这种人到头来常是一事无成。

虽然人的个性千差万别，每个人都会遇到大事或小事，但用坦率的、耿直的、充满情趣的心态对待生活，才应该是我们必备的品性。

名人之所以有名，伟人之所以伟大，就是他们对待生活中的每一件小事都充满情趣，富于人情味，因此得到世人的尊崇与信任。

生活中的乐趣有时是靠自己找的。乐趣是工作的兴奋剂。

六、幽默的人从不言败

在美国历史上，史蒂文生两次竞选总统却两次失败。但他为人心胸开阔、风趣可亲，从不因为自己的失败而愁眉不展、一蹶不振。从下面的一件小事中，我们可以看出他宽宏大度、永不言败的精神。

在他第二次竞选失败走出竞选大厅时，人们纷纷围拢过来，想看看这位又一次没当上总统的史蒂文生是什么状态。有一个身材矮小的老太太好不容易挤到他的身旁，举着一个本子说："失败的总统，请您给老太太签个名吧！"

史蒂文生满脸笑容地说："当然可以，小姐，您说的老太太在哪里啊，她为什么不亲自来？"他说着接过本子上面写了一句话：竞选可以失败，但总统不能失败！

史蒂文生在竞选总统期间，四处去演讲，每当发现听众之中有儿童时，他说会问："请问孩子们，有谁愿意当总统候选人吗？"

在场的小孩子几乎都会举起手来。

他接着又问："美国总统候选人有谁想再当孩子吗？"说完之后，他自己就举起手来。

123

听众对于史蒂文生幽默的问答，每每报以热烈的掌声。

1952 年，史蒂文生第一次竞选总统失败。1956 年，他卷土重来。当时有位民

主党人写信劝其放弃竞选，信中说："如今艾森豪威尔已决定竞选连任，他是势在必得，您与他竞争，无异以卵击石，何苦呢？"

斗志昂扬的史蒂文生回信说："来函敬悉，爱护之情，十分感激。我自当加倍努力，以回报您继续支持我的竞选。"他的回信充分表现出他屡败屡战、百折不挠的性格。

史蒂文生第二次竞选失败后，有一天他到芝加哥看一出名叫《风的遗传》的舞台剧。该剧主角道格拉斯有一段台词为："我很奇怪，一个几乎两次要当上总统，并且两次备妥总统就职演说的人，不知心头的感觉如何？"当道格拉斯说到这一段时，眼睛直望着坐在前排的史蒂文生。

落幕后，史蒂文生到后台祝贺道格拉斯演出成功，并幽默地说："您读那段台词时，不必老盯着我看，以免我不在场时，您会怅然若失。"

直到今天，我们仍有许多人在继续做着前人未完成的工作，在为他们所选定的事业继续努力。纵观人类五千年的奋斗历史，失败总是比成功多，失败可以是因为大事，也可以因为小事，但其真正的意义在于我们奋斗了，拼搏了，尽力而为了，纵然是失败或没有完成，也同样有一种尊严与高贵的精神在散发着耀眼的光芒。

虽然追求的终极目标失败了，但还有那么多追求成功的小过程存在，如果让这些小过程都充满亮点，说不定会找到另一条通向成功的坦途。

七、金钱的驱动

"砰"地一声，又一个路灯被打破了。这已经不知道多少次了，黑暗中仍有许多的人来往，在黑暗中常常听到他们的骂声："是哪个混蛋干的？"

前几天这儿搬来一个老头儿，老头儿发现这一情况后，非常生气，就去询问邻居，到底是谁干的，邻居说是几个年轻人，没人能管。老头儿一听心里有谱了。

到了晚上老头儿在路灯附近坐好，等那几个人出现并打破了路灯后，老头儿站了起来，和年轻人谈判："你们几个打得挺准，我年轻的时候，也擅长此术，尤其打鸟，更是一绝，现在我老了，你们能不能帮我一个忙，如果你们让我每天看到你们打破这几个路灯，那么我将每天给你们每人10块钱作为报酬。"

这几个年轻人非常高兴，并对老头儿说："是真的吗？"

老头儿说："当然是真的了。"于是他们之间便达成了协议，过了几天老头儿满脸愁容地对年轻人说："唉，最近我的生意出现了问题，资金不多了，我现在只能给你们5块钱，希望你们能继续帮我。"

年轻人虽然不悦，但还是答应了。

又过了几天，老头儿愁眉不展地对这些年轻人说："不好意思，最近我的生意赔了，没有太多的钱，不过我的儿子和女儿每个月都会给我一些钱，但是不太多，所以我现在只能给你们2块钱了，希望你们不要因为这而拒绝再继续帮我。"

年轻人不高兴地说："老头儿，怎么混得这么差。"

老头儿也装不高兴的样子说："唉，我也没办法。"

尽管这样，年轻人还是答应了他。只不过他们不再那么卖力，几天以来，路灯只是打破一两只。

又过了几天，老头儿沮丧地走到年轻人面前说："这下麻烦了。"

年轻人不解地问："又出现什么问题了？"

老头儿说："真是一言难尽，都是些家务事。"

年轻人迫不及待地问："到底发生了什么？"

老头儿说："我的女儿和儿子嫌我花钱太浪费，所以每个月就给我只够维持生活的钱，所以我不能再支付你们'薪金'了。"

"什么，没有钱拿了？"一个年轻人气愤地说。

老头儿看到他们都很气愤，便说："希望你们能够看在我的面上，继续帮我。"

年轻人大叫道："你以为我们会为一个毫无前途的老头儿浪费我们的时间吗？在这里做这种事，对我们一点儿好处也没有，不行，我们不干了。"说完就生气地离开了。

从此以后，这一片的路灯再也没有被人破坏过，而这条路上的人们也再没有了抱怨声。这个聪明的老头儿就是著名的作家马克·吐温。

聪明的马克·吐温用有些人在金钱的驱动下会去做一些事，一旦没有了金钱利益，那么这些人自然会放弃那些事的方法阻止了年轻人的胡闹，足见马克·吐温对人性有多么的了解，从这里也可以看到他的聪明才智，其实人们就是这样，没有了利益，很少能坚持做完一件事，除非他能从中获得某种乐趣。

八、树立坚定的信念

正在表兄家玩耍的杰克逊被突然闯进的一队英军俘获，那时他还是个少年。

"过来，小家伙。"英国军官高声吆喝道，"过来把我的皮靴擦干净！"

"不！"杰克逊愤怒地回答。

英国军官大怒，抽出军刀向他狠狠地抽去。血顺着他瘦弱的背部浸出，染红了那件白色衬衫。

"不擦就是不擦，打死也没用。"杰克逊双拳握得紧紧的，一副要拼命的架势。"我现在虽然是你的俘虏，但我同样是人！我有我的尊严！"

英国军官很无奈，看着这个倔强的小伙子，心头泛起一层寒意。但为了找回自己作为胜利者的那点儿虚荣心，便强令杰克逊随着部队进行 40 英里的急行军，赶到位于南卡罗纳州的战俘营。

杰克逊身上的伤口在奔跑中钻心地疼痛。咸咸的汗水顺着头顶往下淌，流过伤口，和着血水洒了一路。口干舌燥的他却没有喝一口水的权利。

到了战俘营，他每天只能靠吃一点点霉变的面包度日。

圣诞节到了，每个战俘的心头都蒙着一层沮丧的阴云，思念家乡，渴望与亲人团聚的情绪如潮水般袭来。

忽然，一阵欢快悠扬的歌声飘了过来。它似一片皎洁的月光，给人以喜悦的心情；它似一阵催人奋发的号角，给人以力量；它似一壶醇香的美酒，足以化解万般乡愁；

它似一轮红日，给人以希望。

战俘们欢快地围拢过来，众星拱月般将"山核桃"（因杰克逊表现坚强而被同伴起的绰号）围在中心。

"朋友们，今天是圣诞节，让我们快乐起来，放声高唱，因为明天的胜利一定会属于我们！上帝与我们同在！"

一场别开生面的晚会在战俘营热烈地开始了。

杰克逊凭着自己的顽强，由战俘最终成了美国第六任总统。

贫困、挫折、失败、屈辱都是使我们困惑和从精神上死亡的强敌。在这些强敌面前，我们常常感到自身的软弱与渺小，对自身感到无助和茫然。于是，我们便像秋天的枯草一样萎顿了；像秋天枝头的树叶，在3级风的吹拂下也会飘零了。

战胜这些强敌唯一的最有力的武器莫过于树立坚定的信念。

九、处世的高明之处

一个中年人走在去剧院的路上，他今天早晨要为明天晚上的演出进行最后一次排练。当他走到剧院门口时，看到一男一女两个年轻人坐在台阶上，两个人似乎在争吵些什么，当他走近两个人身边时，才听清他们争吵的是什么。

只听男青年气愤地说："这么好的早晨，不在家里睡觉，非要来这儿买什么演奏会的票，你真是神经病。"女青年也不甘示弱地说："如果你不愿意可以不来。"男青年还是有些生气地说："要不是为你我才不来呢。"女青年说："让你来，你应该感到荣幸，要知道肖邦是一位多么出众的音乐家。他的音乐是那么的优美动听。"男青年哼了一声："优美个屁呀，我一听那弹琴声，就想睡觉。"女青年叹了一口气说："我怎么跟你这么个庸俗的人交上了朋友，老天真是瞎了眼。"男青年一听这句话也火冒三丈："狗娘养的肖邦，不在家好好弹琴，偏要在这儿开什么演奏会，我要是见了他就狠狠地揍他一顿。"女青年一听，说："如果你再敢说这样的话，

127

那我们的爱情就到此为止。"男青年沉默了。

正当中年人刚要从他们身边走过时,男青年开口说:"就算你爱听那混蛋的演奏会,可票都被那些疯子给抢光了。"女青年沮丧地说:"可这又有什么办法呢?"男青年一听这话脾气又上来了:"那些昨天晚上就来排队买票的人简直是白痴,听那混蛋肖邦的演奏,还不如在家里喝点儿啤酒舒服呢!"女青年听了,说:"我刚才已经警告过你,你不要再得寸进尺了,你的粗鲁已经让我的忍耐到了极限。"男青年也爆发了:"我顾不了你的忍耐了,我只知道我白白浪费了一个早晨的时间,就是为了陪你买那个让人困倦的演奏会的票。我不明白为什么现在的人都那么的无知。"女青年生气地说:"你骂我无知,现在你最好离我远一点儿,最好永远别靠近我。"

两个人的争吵声愈来愈大,这使那个中年人停住了脚步,他回过头对两个人说:"你们不要吵了,要知道爱情是多么美好的东西,任何不知道珍惜爱情的人对生活也不会去珍惜。"两个年轻人都不说话了,他又对男青年说:"也许你不爱听你认为无聊的音乐,但为了爱情你可以牺牲一下你的耳朵,况且你已经费了一个早晨的时间。"男青年觉得他说得有道理,便对他说:"就算我愿意这么做,可是没有票,我的女友还是不会高兴的。"中年人微笑着从上衣的口袋里掏出两张票说:"正好我有两张多余的票,我把它送给你们,希望你们能将爱情进行到底。"说完转身向剧院走去。

第二天晚上,演奏会开始了,肖邦穿着一身礼服走向舞台,向观众鞠躬致意,然后走向钢琴,这时台下的两个年轻人看到肖邦后不约而同地互相对视,同时说:"他就是肖邦。"

每个人的生活中,都会产生磨擦,互不相让的后果就是离幸福越来越远,肖邦虽然听到男青年在贬斥他,但他没有据理力争,反而退了一步,可见他处世的高明之处,这会让两个年轻人心服口服,自己也得到了年轻人的认同。我们在现实生活中为人处世为何不如此呢?

十、好的建议就采纳

一群爱好文学的青年组织了一个文学沙龙，他们在那里提高了文学水平，每个人都在欢乐的气氛中尽情地发挥着个人的魅力，每个人都在这里谈论各种各样的问题。

有一个犹太青年也参加了此次聚会，这些人并没有因为他是犹太人而歧视他，因为这里只有文学而没有种族之分。这让犹太青年备感亲切，而且受到了这些人的影响和鼓励，他积极尝试写作，并在沙龙上朗读自己的作品。有一天，他高声朗读着自己的一部新作，他优美的措词和热情的朗读，赢得了沙龙里不少人的称赞，他们纷纷对犹太青年表示祝贺。

可是也有一些人说："虽然词句非常优美，但是主题思想还欠缺，需要一些改正。"犹太青年默默听着他们的谈话，觉得很有道理，于是便主动上前和他们探讨。"请问，您说我的作品主题思想欠缺，那么该如何使这部作品的主题更为合适呢？"

其中一个青年人说："你应该让你每一句话的含义都联系你的主题，或者使你的主题更能反映在每一句话中，让人一看觉得很紧凑，同时也能使读者更有兴趣。"

犹太人听了，大受启发，说："和您谈话真是能够增长知识，谢谢您的建议，我将改正这一点。"其他人见这个犹太青年如此谦虚好学，便你一言我一语地谈论起犹太青年的文学作品。

犹太青年只是默默地听着，并把别人的意见记在心里。

有一个青年看到犹太青年受到如此好评，心里有些不满，便对犹太青年大加批评，说他的作品虽然很不错，但是离经典作品还差得很远，像他这样的作品，多得很，比起好作品就不值得一提了，如果这样就骄傲了，那肯定不会有更好的作品。

犹太青年听了不但不生气，反而觉得有道理，便对他说："多谢您的提醒，我一定会更加努力的。"他这么一说，那人就不好意思说什么了，只好退了回去，其

129

他人知道那个人是别有用心的，所以都在心里面偷偷地笑。

从此以后，犹太青年便经常参加这样的文学沙龙，从中学到很多东西，这使他更积极地尝试写作，并用热情去撰写他的每一部作品，因而他不仅从沙龙中获得最热烈的祝贺和称赞，而且能够听到朋友们善意的建议与批评。他后来成了一位非常有名的作家。

很多事不是一个人就能做到的，所以你必须去学习，只有在不断地学习中才能不断地获取知识。只要是好的建议就要采纳，不要因为别人批评了你就觉得多委屈。想要在某一个领域获得成功，就必须和这个领域的人相处融洽，让你的才能赢得别人的赏识。

十一、正确的就要坚持

刚到医院的一个中年人听到这样一个消息：100 个动过手术的人，能活下来的只有 10 个人左右，死亡率高达 90%。因生产而死的母亲更是不计其数，致使成千上万的孩子一生下来就见不到自己的母亲。这使中年人陷入沉思。

"为什么死亡率会这么高呢？原因到底来自哪里？"他想象着各种可能，例如：可能产前就有重病，或自身的器官构造问题等等。但是都行不通，不管怎么说，在医院里出现这么严重的情况，是医学界的耻辱。

他决定对这一情况进行研究，经过他反复思索和对以往病例的研究与实验，得出的结论是：细菌是万恶之源。是因为细菌感染夺去了千万人的生命。

以前医生为病人动手术用的是未消毒的器具，导致细菌浸入人体被动手术的部位，使人的生命受到新的威胁甚至死去。如果每个医生都用消毒的器具给病人动手术，那就能使许多生命有了保障。

然而这一理论，却得不到医学界的认同，他们对此不予理睬，并且说这是对医学界的诬蔑。病人依然大批死去的情况一直得不到改变。使他更加坚信自己是正确的。并且到处和人们讲产后死亡的原因，医学界认为他是疯子。

直到一次医学会上，当他听到一位专家正在讲产后病的病因时，他再也忍不住了，站起来说："先生，你这是胡说，我们的医生和护士应该为此事负责任，是他们将病菌带给了受感染的病人，而导致许多年轻的母亲失去了生命，消毒、灭菌，这才是保护母亲的最有效的办法。快点儿觉悟吧，先生们，女士们，不要再做间接的'杀手'了。"

他的发言让会场大乱，有人骂他是疯子，有人骂他精神病，总之，谩骂的人都不承认他的理论。可有一些年轻的医生却采用了他的观点，他们按他的方法进行临床实验，结果，人们从死神的手里夺回了千千万万人的生命，从此他的名字很快流传开，他就是巴斯德。

不要被陈旧的观点束缚住我们的思想，要勇于接受新事物，创造新生活。巴斯德用他敏锐的洞察力，创造了新事物，并始终坚持推广，让它变成让群体受益的大事，他的这一举动能够被人们认可，更充分地说明，不论大事还是小事，只要是正确的，我们就要坚持。

十二、被激励起的勇气和斗志

在美国南北战争期间，林肯所领导的北方军在一个阶段中屡屡受挫，这使林肯的心情非常不好，一遇到不愉快的事，就控制不住自己而大发脾气。

有一天，林肯发现有一个师长在门外徘徊，好像有什么事的样子，烦躁的林肯走出办公室，问道："先生，你在这里干什么？"

师长说："我有一件事，但又有些不好意思说，我想请几天假回老家去一趟，因为我的母亲去世了。"

林肯一听到请假两个字气就不打一处来，他严厉地说："你已经是个师长了，难道还不明白作为一个军人该怎么做吗？现在是战争期间，我们每一个将士都在为独立而战，前方的将士们每时每刻都在流血，难道家庭和感情比流血还重要吗？"

"我想我应该与母亲作最后的告别，难道战争不就是为了我们的母亲吗？"师

长分辩说。"但我不能批准你的请求，因为战争需要你！"林肯叫道。

师长见林肯发了脾气，就没再说什么，失望地回到军营。

第二天清晨，天刚刚放亮，师长还在睡觉，就听见外面有人重重地敲门，他披上衣服开门一看，不禁吃了一惊，原来是林肯站在门外。

林肯一见师长，便上前紧紧地握住他的手，满是歉意地说："实在对不起，亲爱的师长，昨天我对你的态度太粗暴了，你的话说得太好了，打仗就是为了让我们的母亲生活得更好，我们献身国家，也是母亲在做着强大的后盾。你与母亲作最后的告别是十分正确的。"

林肯说着从兜里掏出一叠美元："这是 500 美元，作为你回家的路费，也表示我对你母亲不幸去世的最深切地哀悼，同时也请你再一次原谅我。"

那位师长被林肯诚挚的话语感动得热泪盈眶，他回家为母亲办完丧事后立即返回部队，在战场上率领将士奋勇拼杀，为战争的胜利立下了汗马功劳。

在战场上，指挥官从小事上关心每个将士，都会激励起他们的勇气和斗志。在现实生活中也是如此，从一点一滴的小事上去关心、关爱、帮助他人，同样会鼓起他们生活的勇气，坚定生活的信心，让他们领悟到人世间的真情温暖，你就为这个世界增添了一份美好，增添了一份力量，你的生活也会因此变得更加充实、更加有意义。

十三、自我反思和总结

拿破仑兵败滑铁卢是世人所熟知的，但拿破仑在归结大战的失败时却说："是我很久没与士兵一起喝汤的结果。"虽然这听起来有些滑稽的结论不被史学家们所赞许，但对拿破仑本人来讲，也许是发自内心的一种自责。

拿破仑是一个十分注重亲近部下，善于与士兵们打成一片的人。有一次为了加快行军的时间，他命令部队将所有的马匹和车辆用于驮载伤员和货物，所有的将士一律跑步前进。

命令下达以后，军需官想总司令无论如何也要留下一匹马来用的，便问道："司令官，您要留下哪一匹马？"拿破仑一听，勃然大怒，他"啪"地打了军需官一个耳光，叫道："难道你没听见命令吗？全体跑步前进，我要跑在最前面！"

还有一次部队穿越气温高达 50℃的大沙漠，他命令把所有的马匹和车辆都让给伤员使用，其余的人一律步行，当然也包括他这位总司令在内。

当时，可怕的"黑死病"在部队中流行。他不顾被传染的危险，步行到各个营地视察。在食品供应不足的情况下，他就和士兵们一起进餐，这就是他所说的"与士兵一起喝汤"。

在与各地的士兵接触中，他都要了解他们家乡的风土人情、地理环境等等。比如说在 1812 年远征俄国时，他对俄国的地理，尤其是立陶宛的交通、湖泊、河流、森林等情况的了解，主要是来自他与士兵们的交谈。

善于自我总结、自我反思，从中悟出成功或者失败的经验教训，是智者的一种心理习惯。不论身在什么样的地位置，面对的是一件大事还是小事，你的做法和表现都会人给留下印象，这种印象有时会对他人产生深刻的影响。

在你的工作与生活中，是不是认真地对待和处理好了每一件小事？你从别人身上发生的小事中受到什么影响了吗？静静地自我反思和总结一下，说不定会从中悟出一个大道理呢。

十四、要有广阔的心胸

已经打了半年的仗，战场上硝烟滚滚，凭借艾森豪威尔将军的出色指挥，战争的局面有了好转，在这时艾森豪威尔的手不幸受伤，将领们都劝他去战地医院治疗，艾森豪威尔却说："如果我去了，医生们一定会为我的伤而忙碌，就把其他的伤员放在了一边了，况且医生们也会把最好的药给我用，如果把那些最好的药给重伤员用，也许可以挽救他们的生命。"

"可是您的伤也不能不治啊。"将领们说。艾森豪威尔说："放心吧，我会去

医院治疗的。"

于是艾森豪威尔化装成一名普通的士兵去医院治伤。他来到医院，看到许多的伤兵，有的腿受了伤，有的是眼睛，还有的全身是血也不知道哪有伤，他看到医生们正在忙碌着，护士跟在医生的身后，随时听从医生的吩咐，这时他走到一名医生的身边说："医生，我的手受伤，你能帮我看看吗？"

医生抬头看了看他说："只是轻伤，你先等一会儿，这儿有许多重伤员需要治疗。"

艾森豪威尔只好站在一边看着医生为其他伤员治疗，医生似乎把他忘了，只顾给其他士兵治疗，却没有理他。

艾森豪威尔心里着急，因为他在这儿不能久待，还有重要的事等他去做。等到医生刚刚为一名伤员看完后，他就上前对医生说："现在可以给我看了吧？"

医生指了指一名躺在病床上正在呻吟的伤员说："他比你更需要治疗。你还是再等一等吧！"

艾森豪威尔看了看那位伤员脸上痛苦的表情，又一次站在了一边，只听医生对那位伤员说："我要为你包扎，你要忍耐。"伤员说："你尽管来吧，在战场上我连死都不怕，难道还怕这点儿疼痛吗？我们都是勇敢的士兵，都有军人顽强的意志。"

艾森豪威尔深受感动，医生将那位伤员的伤口处理好，然后给他包扎，艾森豪威尔走上前去对那位伤员说："你和你的战友是我们国家的骄傲，也是我最敬佩的人。"伤员说："谢谢，保卫祖国是我们的职责，我愿意为此牺牲。"他听到他的士兵是如此的坚强，心里是那么的高兴。

这时医生对他说："让我看看你的伤。"医生解开先前用布简单处理的伤口，然后用酒精给他消毒，最后用绷带给他包好说："你的伤算不了什么，你应该把更多的机会让给那些比你伤得更重的士兵。"

艾森豪威尔点头说："您说得对，我是应该那么做，请原谅我刚才打扰您。"

这时一名将领匆匆跑进医院来到艾森豪威尔身边，敬过礼，说："报告将军，前方有新的战况。"艾森豪威尔说："我马上回去。"然后给医生和伤员敬个礼就

回去了。

医生不解地问刚来的那位将领："请问阁下，他是谁？"

"他就是艾森豪威尔将军呀，怎么他来了这么长时间，你们不知道吗？"医生和伤员都怔在那儿。

艾森豪威尔有宽阔的胸襟和承认错误的勇气，并没因为他是将军就对医生的几次推托大发脾气，而是耐心等待，如此心胸让人敬佩，也不失他的大将风度。我们更应该如此，不要因为别人对你的一点儿成见就斤斤计较，做人要有广阔的心胸，才有机会获得更多的成功。

第八章　人生的亲情

一、无私奉献

在我 3 岁那年，父亲患了一场重病，没捱多久便去世了。那一年，弟弟 2 岁，母亲从此没再嫁。

6 岁的时候，母亲将我和弟弟一起送进了小学。从此，我和他形影不离。初中、高中，始终在一个年级、一个班，我们总是相互鼓励、共同进步。

1994 年夏天，家里同时收到两份大学录取通知书。全村都炸开了锅，我们一家人更是高兴得手舞足蹈。可是没兴奋多久，母亲便犯愁了。近万元的学费，对于我家来说，无疑是个天文数字。母亲卖了家里所有的猪、鸡、粮食，又翻山越岭东家西家去借，直到报到前几天，才凑了 4000 多块。

一天夜里，母亲把我和弟弟叫到一起，还没开口眼泪就流了出来："娃儿啊，你们双双考上大学我很高兴，可是，家里这个经济能力，即使娘去卖血，也只能供你们一个人去念书了……"

我和弟弟在一旁静静地听着，默不作声。许久，弟弟低声地说："姐姐去。"我看了看弟弟，他的脸涨得红通通的，一副义无反顾的模样。母亲用衣袖擦了擦眼泪，没有做声。

我对母亲说："还是让弟弟去吧，我终归是要嫁出去的。"我知道自己说这话有多么的言不由衷。上大学是我们农村孩子的唯一出路，我做梦都想跳出"农"门。

弟弟说："还是你去吧！我在家里多少算个劳动力，还能够帮娘下地干活儿，

好供你读书。如果我去了，你们两个在家能够供我吗？"

争论了很久，还是没有决定。那个夜晚，外面很静，静得可以听见屋内每个人在床上辗转反侧的声音。

第二天，弟弟很早就起了床，他站在堂屋里说："娘，还是让姐姐去吧，她上了大学，将来才可以嫁个好人家。"声音不大，却足以让屋里的每个人听得流泪。

我和母亲起床后，在桌上发现了一堆纸末——是弟弟的录取通知书，已经被撕得粉碎。他帮全家人做了一个最后的决定。

送我上火车的时候，母亲和我都哭了，只有弟弟笑呵呵地说："姐，你一定要好好读书啊！"听他的话，好像他倒比我大几岁似的。

1995年，一场罕见的蝗灾席卷了故乡，粮食颗粒无收。弟弟写信给我，说要到南方去打工。

弟弟跟着别人去了广州。刚开始，工作不好找，他就去码头做苦力，帮人扛麻袋和箱包。后来在一家打火机厂找了份工作，因为是计件工资，按劳取酬，弟弟每天都要工作十几个小时甚至更长，这是后来和他一同去打工的老乡回来告诉我们的。弟弟给我写信从来都是报喜不报忧。

每个月弟弟都会准时寄钱到学校，给我做生活费。后来干脆要我办了张牡丹卡，他直接把钱存到卡上。每次从卡里提钱出来，我都会感觉到一种温暖，也对当初自己的自私心存愧疚和自责。

弟弟出去后的第一个春节，他没有回家，提前写信回来告诉我们，说春节车票不太好买，打工返乡的人又多，懒得挤，而且春节的时候生意比较忙，收入也会相对高一点儿。我知道，他哪里是懒得挤车，他是想多省点儿钱，多挣些钱，好供我读书啊！

弟弟后来又去了一家机床厂，说那边工资高一点儿。我提醒他："听说机床厂很容易出事的，你千万要小心一些。等我念完大学参加工作了，你就去报考成人高考，然后我挣钱供你读书。"

大学终于顺利毕业了。我很快在城里找了份舒适的工作。弟弟打来长途电话祝

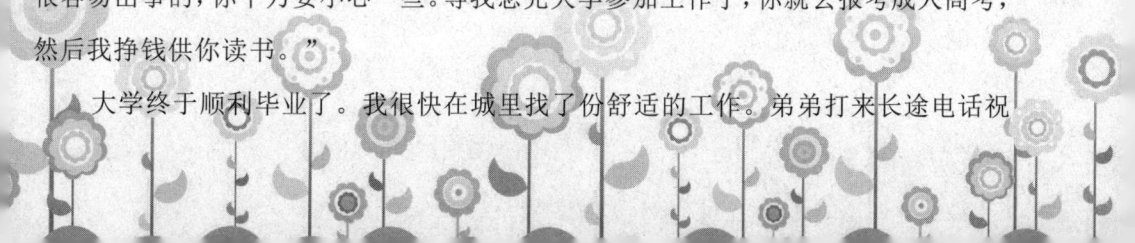

贺我，并叮嘱我要好好工作。我让弟弟辞职回家复习功课，准备参加当年的成人高考，弟弟却说我刚参加工作收入肯定不多，他想再干半年，多挣一些钱再回去。我要求弟弟立即辞职，但弟弟坚持自己的意见，最后我不得不妥协。

我做梦都没想到，我的这次妥协却要了弟弟的命。

弟弟出事时，我正在办公室整理文件，电话铃响了，一口广东腔，隐隐约约听得出那边问我："你是黎兵的姐姐吗？"我说："是，你有什么事吗？""你弟弟出事了。请你们马上过来一趟。"我的脑袋"嗡"的一下就大了。赶忙问了什么事？那边说，由于机床控制失灵，黎兵被齿轮轧去了上身半边，正在医院抢救。

我和母亲连夜坐火车赶赴广州。当我们跟跟跄跄地闯进医院时，负责照顾弟弟的工友告诉我们，弟弟已经抢救无效，离开人世了。母亲当时就晕倒在地。

我们在医院的停尸房见到了弟弟的遗体。左边肩膀、胸部连同手臂已经不在了，黑瘦的脸部因为痛苦而严重变形，那种惨状让人几度晕厥。

弟弟生前的同事告诉我们，在医院抢救之际，弟弟还要他们千万别通知家人，他说不想让我们担心。

清理弟弟的遗物时，在抽屉里发现了两份人身意外伤亡保险，受益人分别是母亲和我。母亲拿着保险单呼天抢地："兵娃啊，娘不要你的钱，娘要这么多钱干啥啊！娘要你回来！你回来啊……"

还有一封已经贴好邮票的信，是写给我的：姐，就快要过春节了，已经三年没有回家了，真的很想念你们。现在，你终于毕业参加工作了，我也可以解甲归田了……

弟弟走了很久，我和母亲都无法从悲痛中走出来。不知道天堂有没有成人高考，但是每年我都会给弟弟烧一些高考资料去，我想让他在天堂里上大学。

爱是什么？爱，是无私奉献；爱，是无尽思念。

二、父母对子女的爱

治疗一种绝症的妙药竟诞生在一位经济学家手中。

奥古斯特是世界银行的一位经济学家。当他唯一的儿子劳伦佐来到世上时，他和妻子的年龄已分别为 45 岁和 39 岁，这自然使他们爱子如命。1983 年秋，他们一家从摩罗群岛返回华盛顿。劳伦佐学会了攀登和游泳，活泼可爱，这年他 5 岁。他跟父母学会了英、法、意 3 种语言，同时他还学会了欣赏音乐。

后来，不知什么原因，劳伦佐开始做起噩梦来，说话吐字也不清楚了，还时常发脾气；听力检查证明他比正常人低了 50 分贝。有一次他在学校去厕所时竟迷了路。经检查，他患了"肾上腺脑白质营养不良症"。这是一种不治之症，它逐渐破坏人的脑白质，使人变哑、变瞎和失去活动能力，最后影响呼吸，使人死去。一般情况，从发现到死亡，平均期约为两年。

一向坚强的奥古斯特夫妇方寸大乱。医生的诊断会不会错呢？他们决定研究这种病的所有资料。

奥古斯特来到国家健康研究所图书馆。他是学法律经济的，对于医学知之甚少，但为了儿子的生命，他还是要对这种病进行深入研究。在这里他了解到，患这种病的人是因为体内甚长链式脂肪酸太高所致。饱和的脂肪酸沉积于人体细胞中，毁坏包裹神经纤维的物质髓磷脂。这是一种遗传性疾病，对男孩儿遗传较多，被称为儿童期肾上腺脑白质营养不良。奥古斯特并不向文献论述投降，他说："我出生于一个从不承认世俗观的家庭，我们致力于研究这种疾病，并不是由于我们有知识分子的好奇心和为了向医生显示什么，而是因为我们热爱我们的孩子，我们不想失去他。"

为了攻克这种疾病，奥古斯特夫妇恳请巴尔的摩肯尼迪残疾儿童研究所作为"世界首届肾上腺脑白质营养不良症研讨会"的发起者，在巴尔的摩召开一个专家研讨会。他们为此支付了 36000 美元。在这次会议上，奥古斯特了解到，弗吉尼亚医学院人类遗传学和儿科副教授里佐在试管中曾利用油酸降低了甚长链式脂肪酸的

139

水平。但专家们警告说，他用来搞实验的油酸有毒，人不能食用。这时，劳伦佐的病情更重了：听力已消失，视力衰竭，行走困难，几乎吃不了东西。他的母亲迈克拉抱着他，用小管喂他爱吃的东西。菲什曼医生断定，劳伦佐不会再活多久了。在打出40多个电话后，他们在俄亥俄州的一个公司终于找到了食用油酸。当第一瓶油酸运到后，迈克拉的妹妹迪尔德里自愿充当试服者。6个星期以后，劳伦佐体内的甚长链脂肪酸降低了近50%，但仍是正常人的两倍。医生们认为，劳伦佐必死无疑。而奥古斯特夫妇却发誓，为了救活他们的儿子，一定要做到能做的一切。

有一天夜晚读书时，奥古斯特从"动物实验更换食物"这一普通的事情中得到启发。他想，油酸可以使劳伦佐的甚长链式脂肪酸水平大大降低，也许其他酸可以消除他体内剩余的脂肪酸。不久，他选定了一种叫芥酸的非饱和一价酸。1986年3月，英国克罗达通用有限公司同意立即赶制这种药品。当这种药空运到美国时，劳伦佐已被送入了急救室。

服用24天后，劳伦佐的甚长链式脂肪酸竟变得与正常儿童一样了，健康日益恢复！奥古斯特和迈克拉就这样用爱子之心换得回天之力，把众多专业人员困惑不解的这个医学难题解决了。

身处困境时，总有人支撑着我们，那就是伟大的父母。父母对子女的爱是最持久、最无私、最伟大和最神奇的。

三、原谅生活带给你的创伤

我父亲35岁时得肾衰去世了。终于有一天，母亲开始和其他男人约会。那些人不是穿着怪里怪气，有些神经质，就是油头粉面，身上古龙香水味扑鼻。他们当中很少有人能被请到我们在费城的家里来，更绝少能见到他们第二面。对于我和我的两个妹妹来说，他们只是我们取笑和捉弄的对象。

一次，我妈的约会男伴把太阳镜放在客厅里，去厨房喝柠檬水。我拿起它来玩，想试试镜架的硬度。结果，我把它捧得粉碎。

那人回来的时候，揣起碎片，转身就走了。后来，我妈对此事只字未提，她对我这个 14 岁的孩子心中怀有的"自然的恶意"很能理解，而我本人却并不觉悟。

几个月后，两个妹妹走进我的房间。"妈妈有了男朋友了。"大妹妹尖声说道。

"他什么样？"我问。

"他有一个大鼻子，"小妹妹说，"他的鼻子大得像一只香蕉，所以他姓勃那那（香蕉）。"

"那是他的外号，"大妹妹纠正说，"他还要来吃晚饭呢。"

还没有哪一个男人曾被邀请来吃晚饭。我已经长大，很知道这其中的意味。我妈对这个阿尔·勃那那比别人要认真得多。

第二天晚上，一个长着棕黄头发、面容酷似罗马雕像的人，神态自若地站在我家客厅中央。他果真有一个大鼻子，我心中暗想。

"这是阿尔，"我妈向我们几个介绍道，"阿尔·斯伯拉。"

"我真名叫阿蒂里欧，"这人一上来就很坦率，"可人人都叫我阿尔，好朋友们喊我阿尔·勃那那。"他伸出了手，我笨拙地伸手握了一下，在他结了老茧的干力气活儿的大手里，我的手显得小巧玲珑。

"我们曾经见过面，"阿尔说，"你那时候是个小小孩儿，躺在医院的氧气罩里。"

那是我快 3 岁的时候，我得了严重的喉炎，呼吸困难。他们不得不给我做了紧急的气管切开术。那一个星期里，我一直在死神周围徘徊。

"我是你父亲的一个朋友，"阿尔接下去说，"有一次我开车把他送到医院，并给你带去了一辆红色的玩具救火车。"

"我可不记得你。"我丝毫没有被打动。但我的确记得那辆救火车。它是铁制的，有 4 个橡胶轮子，可以在地上平稳地滑行很远。我当时非常爱那玩具车，有时候晚上要抱着它睡觉，到现在我仍能回忆起那冰凉的铁皮车厢贴在我脸颊上的感觉和那上面油腻的香味儿。

阿尔在那个春天和夏天来过我家几次。一年以后，他就不光是每晚来吃饭了，

141

他和妈妈谈到了结婚的事。

我不能描绘阿尔代替我父亲坐在他的座位上的情景,因为那会让我暴跳如雷。我有一次对妹妹们说:"我永远也不会叫他爸爸。"

"妈妈说我们可以喊他爸爸。"小妹妹说。

"我不会这么叫他。"我气鼓鼓地表示。叫阿尔"爸爸"太亲密了,现在根本没这回事,将来也不会。我父亲是个让人敬畏的人,而且时常发脾气,他在家里的权威性那么不容置疑,我到现在还能感觉到。

有很多年,我只把阿尔当作我妈的一个朋友,因为他总是吃晚饭时出现,10点以前就离开。当他最终可以和我妈结婚的时候,已经是1973年了。我快上大学了,单独住在一所公寓里,阿尔正式成为我妈的第二任丈夫。

一个初夏的晚上,我刚打完一场棒球,回来时路过家门口,准备进去问个好。我走进前门的时候,听到里面传出优美的乐曲声,透过窗玻璃,我看见阿尔和妈妈正在厨房里跳慢步舞。我可从没见妈妈和爸爸跳过舞,也从没见他们之间有什么亲昵的表示,所以我的记忆中没有什么画面可以和眼前的情景相比较。直到一曲终了,我才迈步走了进去。

见到我,阿尔似乎很高兴。"新泽西有个干体力活的工作,每小时2.25美元,"他指的是他工作的那个建筑工地,"如果你想干,明天和我一起去吧。"

我一直在寻找一个暑期打工的活,所以同意了。

第二天,他开车来接我去工地;下班以后,他又开车送我回家。路上,他问:"怎么样?"

"不错。"我说,其实,我累得都不愿张嘴说话了,而且我也怀疑他对我的感受是否真的有兴趣。

那以后,他却没停止过"进攻",我于是和他谈我干过的那些活儿,他就静静地听着。不久,他的问题范围就不仅限于工作了。当我开始严肃地和一个女孩子有了约会并想将来娶她为妻时,阿尔让我吃了一惊,他说:"你妈觉得她不错,和我谈谈她吧。"

让 你 更 快 乐

　　我不知道他是真的了解这个女孩儿，还是出于关心我，但他的问题冲破了我心中的一道防线，我们的谈话变得开诚布公了。

　　阿尔开始了解到我最在乎什么，我呢，也知道了工作、运动和家庭是他生活中最重要的三件事。

　　他几乎大半生都住在离他出生和成长的那排房子仅几个街区远的地方，他的兄弟姐妹现在仍住在那里。对他来说，那个费城南部的工人居住区已经很富裕宽敞了。终于有一天，他带着我们全家去了一趟费城南部，穿街过巷的时候，阿尔把我自豪地介绍给每一位朋友。

　　"你就没想过住到另一个地方去吗？""为什么要远离家乡呢？"他回答说。

　　到那个夏末的时候，阿尔开始让我在他干活儿时打下手了。一个月里，他总是抽出一两个星期六出去干活儿，这能为我们俩都赚一点儿外快。我很少让他失望，这一直持续到我大学毕业。

　　阿尔干活儿的时候，总是把工具箱放在他能够得到的地方，他也让我干一些简单的工作。他似乎很想让我通过听和看来学学他的手艺。我很快就能帮他列出原料清单以及摆出他干活儿所需的一系列工具。

　　吃午饭的时候，阿尔有时会带我去餐馆，在那儿他似乎认识每个人。一旦他和一桌老伙计坐在一起，就会对他们称赞我是"有着一双天才巧手的孩子"，他是这么说的。

　　有一个星期六早晨，我告诉阿尔，由于学校削减支出，我将被图书馆解雇，不能再每天去做图书馆服务员了。我很灰心，"我连一个我不喜欢的工作都保不住，怎么能去干我自己喜欢的事呢？"

　　阿尔当时没有表态。事后，他对我说："即使你得不到你想要的那份工作，你也照样能挣钱。别着急，什么事最终都能解决的。"后来，他告诉了我，那个勃那那的名字是怎么得来的。

　　他的父亲失业以后，开着小货车在费城的街上卖起了香蕉。他经常带着阿尔一起去，阿尔会捧着一串一串香蕉挨门挨户地卖，那里的人后来就成为阿尔的朋友，

他们开始叫他阿尔·勃那那，这是他们家的那辆货车的名字。

"我父亲没挣到多少钱，他又找了一份新工作，然而我很怀念和他在一起的那段岁月。"

我这才意识到，对他来说让我和他一起工作这件事本身比让我听他讲生存的技能和如何挣钱要重要得多。阿尔很少有亲昵的表露，但他以他自己所知和唯一方式来做个慈父。他的父亲也是这样养育他的。从我还是个小孩儿子躺在医院的病床上及他送给我那辆救火车起，他就这样爱着我了，真的。

第二天上午，我突然发起烧来。阿尔到我的公寓来看我，并把我干活儿挣的工钱带给我。

"我让你妈给你熬点儿鸡汤，你还需要什么吗？我一起带给你。"

我不假思索地说："带个红色救火车怎么样？"

阿尔看上去有点儿迷惑，但他马上笑着说："当然。"当他把我的工资放在我的床头柜上时，我说："谢谢……爸爸。"

几周以后，爸爸打来电话说准备去墓地给他父母扫墓，问我是否愿意一起去。他知道我父亲也埋在那里，而且我从那次葬礼后再也没去看过他。但他没提过这事儿。

迟疑了一会儿，我同意了："好吧。"走进墓地大门以后，他冲我轻轻点了一下头，就朝他父母的墓地走去。我瞧着他的背影走远了，才迟疑地去寻找父亲的墓地。

我最终发现了那墓碑，在它前面呆立了很久，盯着那白石头上面刻着的我父亲的姓名。姓名下面是我父亲短暂一生的介绍。他的早逝带来的最可怕的后果是：我还不了解他，他是怎样一个人？他爱不爱我？

我一动不动地站在那儿，直到爸爸站到我身边，将一只手搭在我的肩膀上。"你父亲是个好人，"他说，"他会为你做任何事。"这几句充满敬意的话把从父亲死后一直锁在我心头的疑云一扫而光。我哭了起来，他抚摩着我的背安慰我。

回家的路上，我们都没说话，我很感谢爸爸今天让我和他一起到墓地来。直到面对墓碑，我才知道曾经遗忘了多么重要的事——对父亲的怀念。爸爸以和我一同扫墓的方式告诉我，在我心中应该同时有着他们两个。

让 你 更 快 乐

1994年夏季的一天，爸爸醒来时突然感到腰部剧痛。X光透视显示是肺部肿瘤。后来又诊断出爸爸的癌细胞已扩散到骨髓，这对我们全家来说犹如五雷轰顶。他这辈子还没得过什么大病呢。

爸爸却没有显出痛苦的神色。面对一次次的检查、不祥的报告和放射治疗，他从没丧失过信心。医生一定能治好他，上帝也会帮助他的。在我见他的最后一面时，看见他插着输氧管，但脸上还努力地微笑着，说："别担心，任何事最终都会得到解决的，会有办法的。"

那天，我一直紧紧握着他的手，无能为力地看着他的生命一点点消失。我想象着我小时候，他站在我医院的小床边的情景，很想知道他和我父亲透过那塑料的氧气罩看着我的时候是不是也说了同样的话。那时，他是否依稀通过我看到了他的未来？我不知道，但他成了我的爸爸，这也是命中注定吧。

我们不得不离开医院了，我对他说："我爱你，爸爸。"

他从吗啡引发的意识模糊中抬起头看着我，微微点点头，握紧了我的手，他又微微笑了一下。他听懂了。

"回头见，爸爸。"我说，"明天见。"我转身走进了秋天的暮霭中，热泪盈眶。

爸爸第二天在沉睡中去世了。听到这消息，我几乎昏了过去，我不能想象，再也听不到他的声音，再也不能把工具放到他的大手里了。

葬礼过去几个星期了，我到妈妈房子的地下室去拿一个扳手，想给洗衣机换一个漏水的旋塞。我打开工具箱找到了扳手，但没有用手拿着，而是把它紧紧地搂在胸前。我再次被悲伤笼罩了，浑身战栗，不能自已，闭上双眼，眼前又浮现出爸爸和我在一起做的每一件事，那一刻我才意识到它们对我有多么重要的意义，我多么感激和怀念爸爸和我在一起度过的时光啊。

妈妈拿着一篮要洗的衣服走下楼梯，看见我手里攥着扳手，站在那里一动不动。

"为什么不把工具拿回家去？"她说，"如果爸爸知道你在用它们而不是搁在这儿积灰尘，他会很高兴的。""我会的。"它们身上还留着爸爸的气息，我愿意天天和它们在一起。"爸爸是个好人，妈妈，我很高兴你能嫁给他。"

那是我第一次承认爸爸在妈妈生活中的地位。我一直不知道她等这话等了好多年。我们在那些工具旁边拥抱在一起。

我把爸爸的工具带回家去了，而且要将它们珍藏到我生命的终结。但我更珍视的是爸爸教给我的那些话——无私地去爱，原谅生活给你带来的创伤，那时你的心胸才能开阔宽广。

四、爱让生命更有价值

埃克索梅特拉教士有牙痛病。早晨6：10，借助黎明时微弱的光线，他笨手笨脚地摸着阿司匹林药瓶。他不想惊动16个孩子。他们正拥挤地睡在几乎占满整个房间的帆布上。

教士试图找出药瓶，结果发现了一只蝎子。他口中念念有词，却站立不动——他起过誓，不践踏任何生灵。

这位身材魁梧的摔跤手平时并不令人生畏。他长着两道浓眉，戴一副深度的黑边方框眼镜，头发灰白。他跌跌撞撞地从卧室进入圣安德鲁·迈克尔教堂的院子里。这座年久失修的16世纪教堂，是他和72个男孩儿、14个女孩儿、3名自愿服务的妇女的栖身地。有4条走失的德国短毛猎狗，20只鸽子和数以万计的苍蝇陪伴着他们。

苍蝇在这里横行无忌。院子里只有一个厕所，实际上那只不过是在水泥地板上打的洞。厕所到厨房的距离不过5英尺，中间隔着一扇被打碎窗户的小门。

摔跤手患有糖尿病。他多么希望能多睡一会儿！可为了这座孤儿院，他必须坚持摔跤，坚持早晨登山锻炼。登山能迫使他减肥。15岁的马罗克走出卧室，来为他加油。

32个男孩儿睡在一间长13米、宽11米的屋子里，24个大一点儿的住在隔壁狭长的屋子里。这就是孤儿院的现状。两间陋室只有一个门，却住着56个孩子。如果教士是一名消防队长，他肯定会被撤职。当然，过去的景况比这更糟。

让 你 更 快 乐

不久以前，所有的女孩儿和小一点儿的男孩儿都睡在一起。后来，教士在教堂对面租了两间陋室。14 个女孩儿就安置在那里。每天早晨，72 个男孩儿共用一个淋浴喷头和一只 4 加仑的热水瓶。

教士早晨要继续为摔跤比赛做大量的准备。这星期他有两场比赛。每场比赛大约能得 40 美元。这不仅能使孩子们一日三餐有着落，还可以为他们买一些彩色笔来完成家庭作业。睡吧，孩子们……

教士穿过食堂进入小餐厅。餐厅里只有一只 60 瓦的旧灯泡。当 86 个孩子挤在一起做作业时，灯光就不够用了。

孤儿院唯一的玩具是两个头发掉光了的小人。许多孩子在月光下搓洗衣服，以便第二天再穿。

到目前为止，只有 3 个孩子从孤儿院出走。其中一个是马罗克，后来他又回来了。孩子们愿意待在这里，他们把教士当作父亲，他们爱他。

墨西哥的摔跤手收入并不高，最著名的摔跤手每星期才挣 200 美元。1987 年 11 月底，墨西哥城举行了一场有埃克索梅特拉参加的比赛。两万人闻讯赶来观看，把竞技场挤得水泄不通。他们希望慈善的教士在比赛中取胜。这次共筹集了 600 万比索（约合 2600 美元）。如果这笔钱如数归他所有，那么这将是他迄今为止的最高收入，比他过去几年挣的钱还多。

1978 年，他试图抚养 14 个孩子，结果力不从心，有 7 个孩子只好睡在他的汽车里，而另外 7 个则和他在外边散步。

现在境况稍有好转，但教士的汽车仍旧常常用来当寝室。在城外比赛时，教士将组织者提供的旅馆住宿费和飞机票钱省下来，自己开汽车去比赛。一次，他驱车长达 17 个小时，然后是 20 分钟摔跤，再返回来。当时他太累了，开车打起了盹儿。他说："最大的享受是给孩子们带回食物。"

他对所有的孩子都有深沉的爱。对于有过潜逃史的，吸毒成瘾的，堕落和被遗弃的，概不拒绝。他过去只有 45 个孩子，三年前墨西哥城大地震，来这里的孩子更多了。八九万无家可归的孩子流落街头。乞丐行列里，有小贩、小偷、骗子、算

命的、玩吞火的……他们试图在这座世界上人口最稠密的大都市搜寻下一顿饭。教士的孩子大部分来自这支队伍。安尼塔，5 岁，他被发现时，正在墨西哥城教士姐姐家存放的一块毛毡下面。艾尔佛雷德，14 岁，睡在地铁里。两年前，他听说了摔跤手教士的事迹，便讨来乘车的钱到达这里。迈克尔·赛古奥，15 岁，他偷汽车，偷钱，偷任何能偷的东西。

教士爱他们，因为他自己曾是他们中间的一员。他生长在墨西哥城，吸过大麻，加入过被称为"无赖仔"的帮派。在那里，他同时是最佳的运动员。他手脚灵活，英式足球技艺超群。1961 年他 16 岁时，生活还没有大的改变，直到有一天他去忏悔。神父相信他终有一天能成个为好的传教士。

1969 年他被委任为牧师，开始接管孤儿院。4 年后的一天，他在看电视时，听说摔跤手"能赚很多钱"，便暗自想，他也能做这营生。但他苦于无从拜师。最后，一个名叫利德的摔跤手同意教他几招。

从此他成为墨西哥一名最普通的摔跤手。每当他上场时，狂热的人们就把钱扔在地板上，或是把钱包在手帕里扔给他。记者们也在帮他扬名，所拍的照片都是仰角的。"把我拍得像个巨人。"他说。他身高 1.7 米，体重大约 181 斤，实在算不上巨人。

教士摔断过肋骨，肩膀扭伤，手指折裂。墨西哥摔跤十分残忍，主教说："我过去从不允许教士参加职业摔跤，但自从他说这么做是为了孩子们，我便同意了……他把生命献给了孩子们。"

在传统的圣诞节来临之际，孩子们渴望圣诞节晚餐有鸡吃。一些孩子从没吃过鸡，因价格太贵，教士只好从采购单上把它勾掉。教士在圣诞节真正关心的是他新购置的那片土地。

离教堂不需 5 分钟的路便是他购置用于建楼的 10 英亩土地。他希望那里会是孩子们真正的家，一座不只一个卫生间的住宅。这项开支花了教士 10 年积蓄的 3200 美元。另外，大约还需 66000 美元建房子，而现在教士在银行的存款只有 3000 美元……

"我还能摔 15 年。"他说。但他的身体让人怀疑是否还能支撑 15 年。"没问题。"他说，"我定期接受猪脑液注射，它将使我的身体长时间得到保护。……我忌酒、忌女人，不参加通宵晚会。我一如既往。"

教士不可能再干 15 年了，但他有候补计划。他训练了 4 个徒弟，3 男 1 女。他们最大的 15 岁，在教堂后边找了一块空地练摔跤。不摔跤孤儿院能有这么大影响吗？"没有办法，"教士说，"这是我所能挣大钱的唯一方法。"

现在，午夜漆黑。埃里索梅特拉摔跤回来，两眼通红，腰酸背痛。他太累了，渴望美美地睡一觉。他把面罩慢慢地从头上取下来，露出了那张疲倦的脸。为了孩子们，他还得继续奋斗下去。

爱让生活更加充实，爱让生命更有价值，爱让心灵散发出圣洁的光芒。

五、真正的征服者

父亲带儿子去爬山，其实，和西部的山比起来，它只算丘陵，海拔仅仅几百米。但平原上生活的人习惯把有点儿高度的东西叫山，我也一贯这么叫。还在离山脚很远的地方，父亲便指着隐隐约约的山顶问："雾散之前，有信心爬上山顶吗？"儿子用手比了比高度，露出一脸不屑，回头答道："爸，你太小瞧我了吧，才这么一丁点儿高，还用等雾散尽，我看用不了 10 分钟，便能把它踩到脚下。"父亲听完，笑而不答。

谈笑之间，车便到山脚。车一停下来，父亲便指着山说："上山有两条道可行，一条在东南方向，一条在西南方向。东南方向的道离山顶最近，但非常陡峭，西南方向的道离山顶虽远，但道路平缓。"父亲就问儿子："你选哪条道上山呢？"儿子想也不想，便指了指东南那条道。父亲点点头，说："这样吧，咱们父子俩来比试比试，我由西南这道上山，看谁能最先到达山顶。"儿子信心十足，头一仰，说："爸，你一定输。"

149

父子俩话别，各自寻找上山的路口。东南山口离他们父子分手的地方不远，走

100多米，儿子便找到了。他来到东南山口仰头一看，吓了一跳，惊叫起来："妈呀，山怎么这么陡呢？"雄心壮志瞬间就在他心底崩塌了。

"小伙子，要不要买手杖，它或许会对你上山有所帮助。"离他不远一家杂货铺的老板娘不停地向他招手。他第一次来爬这座山，心里没底，就趁机跑去询问："大嫂，从这儿上山是不是很危险啊！"老板娘不置可否，说："危不危险爬过才知道，不过，每位爬东南山口的人都会到我店里买根手杖。"男孩儿闻听，有点儿害怕，也掏钱买了一根。有了手杖，男孩儿心里稍稍安定些，开始沿着山道往山顶走。

山看上去很陡，但路却不是很难走，每走一步都有一个很宽的人造台阶，而且一路都有人一样高的防护栏。你只要低头走，感觉不到山很陡峭。但男孩儿不一样，他走一段就回头看一看，看着看着，山便陡峭起来，越往上爬他越感到害怕。一害怕，他不得不小心翼翼，每走一步都必须拄着手杖扶着防护栏。

最终，男孩儿还是到达山顶，不过，他父亲早就迎候在那儿了。儿子并不服气，他要和父亲再比试比试。这次，他建议父亲由东南山口下，他自己由西南山口下，谁最早到达出发点才算谁赢。父亲不做声，只是不停点头。

刚下山的时候，男孩感到很轻松，全身有使不完的劲儿。可越走，他发现下山的路越长。最终，忍不住问同行的游客："从这儿到山脚大路口有多远路程？"对方告诉他，大约是东南山道的四到五倍长。男孩一听，脚都变软了。

这次，他又比父亲晚到很久，儿子仍不服气，狡辩起来："爸，这两次比赛，都因为我没来过，选错了方向。上山时我应该走西南那条道，那儿不陡，走起来快。下山时应该走东南山口，那儿路程短，不费时间。"

父亲听罢，长长叹了一口气，语重心长地说："你爷爷小时候带我爬山时我爬输了也这么说，结果跟他较了一辈子劲儿，可始终没爬过他。孩子，你要知道，世上的山峰何止千万座，你不可能爬过每一个登山者。山的高度和谁先爬到山顶这都不重要。重要的是在你心里必须有自己的一座山峰，有自己的一个高度，如果你能义无反顾毫不畏惧地征服你心底那座山峰，不管你走了多久，选择了哪条路上山，你都属于胜利者。"

儿子听罢，对父亲肃然起敬。是啊，一切的山峰和登山者，都不过是你人生之中一个参照物。

毫不畏惧地征服自己心底那座山峰，你才算得上真正的征服者。

六、母爱如一盏灯

有一个朋友，经常不修边幅，加上浓密的八字胡，总给人一种粗放莽汉的感觉。那天，一帮朋友聚会，聊着聊着就聊起各自的母亲，这个西北大汉居然细腻、温柔起来。他娓娓地讲述着母亲生前关爱他的一些小事，听者无不为之动容……

夜深了，下了整整两天的梅雨还在淅淅沥沥地敲打着楼外的玻璃窗，发出"吧嗒吧嗒"的响声，母亲从我的记忆深处轻轻地走出她的房间，走到房门口的鞋架前，弯下腰来……

随着职务的不断提升，不仅手头的工作多了，应酬也多了，我回家就再无规律。妻子渐渐习惯了我的忙碌，每每回家太晚，抱怨几句便不再理睬我。一次深夜回家，看到母亲在她的房门口，显然是在等我。我带点责备地说她："娘，不用惦记我，我没事的，您都这么大年纪了，该多休息。"我母亲结结巴巴地说："娘知道，娘担心你……"

从那以后，再没看到母亲等在房门口。

母亲只有我这么个独子，因为父亲早亡，我结婚后，母亲便跟着我和妻子同住。小学还没毕业的母亲，始终牵挂着我，爱着我，却最大限度地给我飞翔的自由。

这一天，我深夜才到家，屋里传来清脆的钟声，是客厅墙上老式挂钟报时的声音。抬手看看表，12点整。"他们应该都睡了吧。"我想着，轻手轻脚开门关门，换鞋进房间……

151

第二天吃早点时，母亲突然对我说："你昨天晚上怎么回来那么晚？都12点了吧？这样不好……"我突然愣住了，不知道母亲会这么清楚。我一边往母亲碗里

夹菜，一边敷衍道："娘，我知道了。"

此后每次回去晚了，第二天母亲总是能准确说出我回家的时间，但不再多说什么。我知道，母亲是在提醒我别回家太晚，提醒我不要对家太疏淡。而我心头的疑问越来越大：每次晚归，母亲怎么会知道的呢？

母亲在她 43 岁那年，因为一场意外，双目失明，此后就一直生活在无光的世界。那晚，我又是临近 12 点才到家中。因为酒喝多了，就没有直接回房间睡觉，悄悄去了阳台，想吹吹风，清醒一下。站了一会儿，大厅传来了报时的钟声，12 下，清脆而有节奏，我开始轻轻地走回房间。

刚到门口，我呆住了，月光下，母亲正俯身在鞋架前，摸索着鞋架上的一双双鞋——她拿起一双在鼻子前闻一闻，然后放回去，再拿起一双……直到闻到我的鞋后，才放好鞋，直起身，转回她的房间。原来，母亲每天都在等待我回来，为了不影响我和妻子，她总凭借鞋架上有没有我鞋来判断我是否回到家中，总是数着挂钟的钟声来确定时间。而她判断我的鞋子的方法竟然是依靠鼻子来闻。我的泪水悄然滑出我的眼眶。我已经习惯以事业忙碌为借口疏淡了对母亲的关心，但母亲却像从前一样牵挂着我……

从那以后，我努力拒绝一些不必要的应酬，总是尽量早回家。因为我知道，家中有母亲在牵挂着我。

母亲是 63 岁那年病逝的。她去世后，我依然保持早回家的习惯。我总感觉，那清朗的月光是母亲留下来的目光，每夜都在凝视着我。

又在深夜，下了整整两天的梅雨还在淅淅沥沥地敲打着楼外的玻璃窗，发出"吧嗒吧嗒"的响声，母亲从我的记忆深处轻轻地走出她的房间，走到房门口的鞋架前，弯下腰来……我知道，母亲是在查看鞋子，是在看我有没有回到家。

母亲的爱，乃是人生的一切，它有如一盏灯，一旦点燃了就永远不会熄灭，照亮了一个又一个孩子通往幸福的征程。

七、善良的谎言

梅蝶 18 岁，念高三。

梅蝶长相一般，成绩一般，性格沉静，在沉静中略微带了些自卑。这样的梅蝶不显山不露水，很容易被人忽略。

繁重的学业下，孩子们的梦想更贴近现实，目标只有一个，那就是——考上大学。梅蝶也做这样的梦，她的要求不高，她只想考个一般的大学，毕业后，能应聘进一家普通的公司做个小职员，她也就心满意足了。

高考愈来愈近了。老师为了调节学生们的情绪，就规定每天黄昏，所有学生必须到操场上跑步。梅蝶也混在里面跑，大家笑闹着，近距离里，平日里紧张的气氛没有了，青春恢复成一只扑棱着翅膀飞翔的鸟。

一日，又是一个夕阳温柔的黄昏，又是奔跑着的青春着的一群。说笑间，梅蝶突然一个趔趄，站立不稳，面色苍白地倒了下去……

梅蝶住院了，是白血病，晚期。梅蝶自己不知道，同学们都统一口径地告诉她，说她是营养不良综合征。梅蝶自是深信不疑，因为她的父母双双下岗了，她平日里总是过得很节俭，尤其是在饮食方面。

同学们一拨一拨地来看她，他们给她买布娃娃，给她叠千纸鹤，甚至连平常几乎从未跟她说过话的同学，也跑来看她。她受到从未有过的重视，开心极了，抱着同学们送的布娃娃，对着同学们嘻嘻地笑，说，生病真好啊。

班上最优秀的一个男同学，每天都等同学们走了以后一个人来，给她送上一枝红玫瑰。第一次送她的时候，她惊讶得瞪大眼，不敢接。男同学温柔地笑，说，我和全班同学都希望你早日康复。她有些羞涩地接了花，让她的母亲用清水养在她的病床前。她的心开始一波一波地荡，想，要是永远这样病着，也好。

她的身体越来越虚弱了，玫瑰花却一日一枝，从未间断。那艳艳的红，映了她苍白的脸，让她有种虚弱的美丽。她偷偷问前来看她的同桌，一朵花代表什么意思？同桌笑答，代表一生一世。她听了，悄悄地甜蜜。

她走在一个风轻云淡的午后，走时，手中安静地握着一枝红玫瑰，是那个男同学早上刚送过来的。她走得很安宁，熟睡般的脸上有一层淡淡的笑意，极满足的样子。

她永远也不会知道了，那每日一枝的红玫瑰，只是一群青春的孩子，为成全她人生的完美，而编织的一个美丽的谎言。

一群青春跃动的孩子，共守着一个谎言，呵护着一个走到生命尽头的女孩儿。谎言美丽、玫瑰美丽，因为，这群孩子都有一颗美丽、洁净、善良的心。

八、崇高的灵魂

这是女友讲给我的一个故事，故事是真实的。那时女友还在南方一所著名的大学中文系读书，授课的老师中有一位五十出头风度翩翩的男教授。教授不仅学识渊博，而且谈吐幽默风趣，经常走到学生们中间和他们谈古说今纵论文事，成为班里女学子们心中的偶像，许多女生甚至于主动接近他，希望得到他的提携和指点。

女友也是其中一个。一天，她约了两位要好的女同学一块儿去教授家请教几个问题。穿过一条林荫小路，她们来到了教授居住的一座静谧小院，在青砖灰墙的一幢小楼前停下了脚步，女友伸出手来正欲敲门，却发现门是虚掩着的，于是她轻轻地推开，看到了令她目瞪口呆的一幕。

教授正在屋内，拥吻着一个女孩子。而那个女孩子是他的学生。看到她们的意外出现，教授的手像触电一样一下子猛然松开、垂落，脸色霎时变得惨白。

双方就这么站着，也许仅仅只有几秒钟的时间，却像漫漫的一个世纪，空气死一样沉寂，能听得见彼此剧烈的心跳和呼吸。

"我当时的确很震惊，真的，你说我该怎么办？"讲到这里，女友抬起头来问我。

装作没看见迅速走掉？或干脆走上前委婉地劝说？报告领导或告诉他的爱人，让他受到惩罚甚至身败名裂？这些念头在我脑海中迅速一闪而过。"教授不是这种人，他也许只是一时糊涂。"还没等我回答，女友又开始说道。语气缓慢地，像是努力回忆当时的情形。"教授有一个他所深爱也深爱着他的妻子，他的妻子在同城的另一所高校任教，他们有一个活泼可爱的即将大学毕业的女儿，这是一个幸福而完美的家庭。他们的家庭和教授本人洁身自律的品质在校内一直有着良好的口碑。"

仅仅是几秒钟的犹豫和停顿后，女友坦然地走了进去，站在教授面前，一脸笑容地说道，"教授，我们都是您的学生，您可不能偏心哟，请您也吻我一下好吗？"

教授马上清醒过来。他轻轻地拥抱并轻吻了一下她的额头，那一刻，她看见教授眼里有湿润的东西在闪亮。

另两位女同学也马上会意过来，走到教授身边提出了相同的请求，教授一一应允了她们。

"事情的经过就是这样。"女友的表情显得轻松愉快，"一晃这么多年过去了，教授依然拥有一个美好的家庭和良好的口碑，他变得更加勤奋地研究和著述，并取得了极为丰硕的成果。我毕业那年，他曾寄给我一张贺卡，上面只有一句话：我永远感激你的善良和智慧，是你拯救了我。"

"许多事情就是这样奇妙，挽救或毁灭一颗灵魂，常常就是看似那么简单的几句话。"女友最后说道。

人难免一时糊涂，圣人也如此。面对别人的糊涂，抓住把柄去告密，是卑劣；义正词严地指责，是伪崇高；巧妙化解尴尬，保全别人的尊严，又提醒别人注意，那才是善良和智慧。对糊涂人说简单的几句清醒话，也许你就挽救了一颗崇高的灵魂。

九、与生俱来的能耐

儿子在后院的沙坑里玩耍。他手拿一把红色塑料铲，要为自己的玩具车开辟一条道路。这时他发现，在沙地的中央，一块大石头横挡在那里。

儿子决心要将石头挪走。他鼓足了劲，推呀推，石头却纹丝不动。聪明的他将石头前方的沙子挖掉一部分，然后将铲伸进石头下面，使足浑身力气猛撬，石头翻个身，向前面移动了一段距离。儿子依法炮制，居然将这块石头移到了沙坑的边缘。

可惜5厘米高的沙坑边缘阻挡了他的进程，无论他怎样开动脑筋想办法，也无论他怎样调动全身的力量，总也不能将石头弄出沙坑。做了种种尝试之后，受挫的泪水顺着儿子的脸颊流了下来。

我目睹了这一切。看到儿子伤心的模样，我赶快走过来，用柔和而坚定的语调对儿子说："儿子，别哭，你一定能做到的，只是你需要调动你全部的能耐。"

"爸爸，我已经用尽了我所有的能耐了，却还是无法弄走这块大石头。"儿子哭泣道。

"不，儿子，"我纠正他道，"你并没有用尽你所有的能耐，至少你并没有请我帮助你啊。你要知道，乖儿子，在你的一生中，有很多人能够帮助你，愿意帮助你，这也是你能耐的重要一部分。"

我说完这话，便用手轻轻地拿起石头，把它远远地扔在了一边。

其实，不仅是小孩儿子，纵然是许多成年人，也未必意识到还有一种能耐可供我们使用，即使意识到了，也未必能充分有效地使用。

从第一遍读《西游记》开始，我脑子里就一直萦绕着一个问题：会72般变化的孙悟空其实很一般，他时时会遇上一些厉害的角色，三招两式一过，便败下阵来。每每此时，猴子便筋斗云一驾，不是去求观音菩萨，便是到玉皇大帝那里搬救兵，甚至连东海龙王、牛魔王都成了求助对象，算得哪门子英雄？

可随着年龄和阅历的增长，我慢慢体会到孙悟空确实具有大能耐。这种大能耐不仅仅是他那72般变化和筋斗云，而是他能够完完全全地调用出他所有的能耐。

一个人无论有多大的能耐，总是有他力所不能及的地方，孙悟空也不例外，但他最终成功了。西行路上，九九八十一难，妖魔鬼怪一路捣乱，自己能打过的，孙悟空便挥动金箍棒，战而胜之；打不过的，孙悟空便使出72般变化之外的能耐，上天入海，请来能够帮助自己战胜妖魔的援兵，借力胜之。

我们在敬佩羡慕孙悟空成功的同时，切莫忘记：孙悟空72般变化之外的能耐帮了大忙。

　　一个人即使再能干，他也只有一双手；一个人本事再大，他也有许多事情做不了。如此，要获得更大的成功，创造更大的业绩，就必须学会求助他人，学会借助他人的力量。这是人类与生俱来的一种能力，是一种需要不断培养、需要善于使用的能力，有时它可以成为制胜的法宝，可以避免走一些不必要的弯路。

十、一颗美的心灵

　　很久很久以前，有一个小男孩儿非常自卑，因为他背上有两道明显的疤痕。这两道疤痕，从他的颈部一直延伸到腰部，上面布满了扭曲的肌肉。所以。这个小男孩儿非常讨厌自己，非常害怕换衣报，尤其是上体育课。当其他同学都很高兴地脱下又黏又不舒服的校服，换上轻松的短裤背心时，小男孩儿则一个人偷偷地躲在角落里，用背部紧贴住墙壁，用最快的速度换上衣服，生怕别人发现他有这么可怕的缺陷。

　　时间长了，他背上的疤痕还是被同学们发现了。"好可怕呀！""你是怪物！""你的背上好恐怖！"天真的同学们无心的话语最伤人。小男孩儿哭着跑出教室，从此再也不敢在教室里换衣服，再也不上体育课了。

　　这件事发生以后，小男孩儿的妈妈特地牵着他的手找到班主任。小男孩儿的班主任是一位慈祥的女教师，她仔细地听着妈妈说起小男孩儿的故事：

　　"这孩子刚出生的时候就得了重病，当时本来想要放弃的，可是又不忍心，这么可爱的小生命，我们怎么可以轻易地把他丢掉呢？"妈妈的眼圈红了，"所以，我跟丈夫决定把孩子救活，幸好当时有位很高明的大夫，愿意尝试用手术的方式来抢救这孩子的生命。经过好几次手术，好不容易把他的命保下来了，可是他的背部却留下了两道清晰的疤痕，这是他曾与生命抗争的证明。"

　　第二天上体育课的时候，小男孩儿怯生生地躲在角落里脱下了上衣。这时，所

157

有的小朋友又露出诧异和厌恶的表情，并说道："好恶心呀！""他的背上生了两只大虫。"小男孩儿的双眼湿润了，泪水不听话地流了下来。

就在这个时候，老师出现了，几个同学马上跑到老师身边，比画着小男孩儿的背。

老师慢慢地走向小男孩儿，然后露出诧异的表情。"老师以前听过一个故事，好想现在就讲给你们听啊！"同学们最爱听故事了，连忙围了过来。

老师指着小男孩儿背上那两条明显的疤痕，绘声绘色地说道："这是一个传说，每个小朋友都是天上的小天使变成的，可有的天使变成小孩子时，很快就把他们美丽的翅膀脱下来了，可有的小天使动作比较慢，来不及脱下他的翅膀！这个时候，那个天使变成的小孩子，就会在背上留下两道疤痕。"

"那这就是天使的翅膀呀！"同学们指着小男孩儿的背部纷纷发出惊叹。

"对呀！"老师的脸上露出神秘的微笑。

小男孩儿呆呆地站着，原本流泪的双眼此时停止了流泪。

突然，一个小女孩儿天真地说："老师，我们可不可以抚摸一下小天使的翅膀？"

"这要问问小天使肯不肯啊？"老师微笑着向小男孩儿眨了眨眼睛。

小男孩儿鼓起勇气，羞怯地说："好！"

女孩儿轻轻地摸了摸他背上的疤痕，高兴地叫了起来："啊，好棒！我摸到天使的翅膀了！"女孩儿这么一喊，所有的小朋友都拼命地跟着喊："我也要摸摸小天使的翅膀！"

后来，小男孩儿渐渐长大，他深深地感谢这位让他重拾信心的老师。高中时他还参加全市的游泳比赛，得了亚军。他勇敢地选择了游泳，是因为他相信，他背上的那两道疤痕，是被老师的爱心所祝福的"天使的翅膀"。

毛毛虫可以蜕变为美丽的蝴蝶，这是因为毛毛虫有一颗崇尚美的心灵。拥有一颗美的心灵，世界便会在他的眼睛中变得美丽起来。如果你也有一颗美的心灵，那

么你也会在别人的伤疤上看见"天使的翅膀"。

十一、我们都是平等的

英国前首相威尔逊与一个小孩儿有过一件趣事。

有一天，威尔逊为了推行其政策，在一个广场上举行公开演说。当时，广场上聚集了数千人。突然从听众中扔来一个鸡蛋，正好打中他的脸。安全人员马上下去搜寻闹事者，结果发现扔鸡蛋的是一个小孩儿。威尔逊得知后，先是指示属下放走那个小孩儿，后来马上又叫住了小孩儿，并当众叫助手记录下小孩儿的名字、家里的电话与地址。

台下听众猜想，威尔逊是不是要处罚小孩子，于是开始骚乱起来。这时威尔逊要求会场安静，并对大家说："我的人生哲学是要在对方的错误中，去发现我的责任。方才那位小朋友用鸡蛋打我，这种行为是很不礼貌的。虽然他的行为不对，但是身为英国的首相，我有责任为国家储备人才。那位小朋友从下面那么远的地方，能够将鸡蛋扔得这么准，证明他可能是一个很好的人才，所以我要将他的名字记下来，以便让体育大臣注意栽培他，使其将来能成为我国的棒球选手，为国效力。"威尔逊的一席话，把听众都说乐了，演说的场面也更加融洽了。

美国前总统里根与一个小孩儿也有过一件趣事。

1983 年 11 月 1 日，里根总统的办公室里来了一位小客人。他的名字叫比利，只有 7 岁。比利患了一种绝症，医生说他不会活过 10 岁的生日。但当时小比利心中却有一个美好的梦想——当美国总统。里根总统得知此事后，决定让小比利当一天临时的美国总统，而自己则做这位"小总统"的助手。

里根向"小总统"详细介绍了日常工作和职务范围，随后就忠实地侍候在小比利的身边。部下呈上的文件，"小总统"都请里根参加讨论，取得一致意见后，请里根代签并盖章。

在办公之余，里根与"小总统"进行了友好的交谈。里根告诉比利，他自己 7

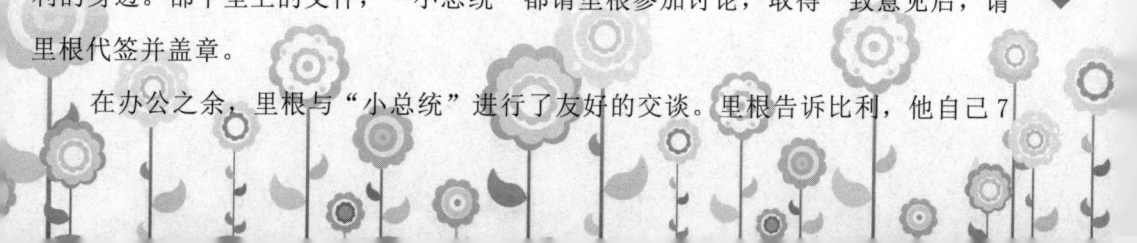

159

岁时，只梦想成为一名消防队长，还未曾想到过当总统。小比利听到这些很高兴，当然更让他高兴的是他终于实现了他的"总统梦"。

克林顿与一个小孩儿也有过一件趣事。

有一天，克林顿到医院探视病人，有一个小孩儿突然钻到他的身边。这个小孩儿不断地看着克林顿，什么话都不说。

就这样沉默了几秒钟之后，克林顿首先开口："你有什么话要跟我说吗？"

"我想要你的签名！"小孩儿用洪亮的声音说。克林顿情不自禁地露出微笑，拿起名片，很快写上名字，正要交给小孩儿时，小孩儿又要求说："我可以拿4张吗？"

克林顿一脸笑意："为什么要这么多张，一张不够用吗？"小孩儿回答他："我要用3张你的签名去换迈克尔·乔丹的一张签名照，至于剩下的一张我会妥善地收藏起来。"

克林顿总统并没有因此而不高兴，他接连拿出3张名片，都签上了名字，同时开朗地说："我所疼爱的一个侄子，最喜欢迈克尔·乔丹，改天有空我也要帮他去换一张迈克尔·乔丹的签名照。"

能够心态平和地跟孩子说话，能够满足孩子的心愿，威尔逊、里根、克林顿这些声名显赫的大人物，告诉我们这样一个简单而深刻的道理：我们都是平等的，会尊重他人的人，自然也会赢得他人的尊重。

第九章　人生的强者

一、心灵的监狱

《读者》上曾经登载过这样一个故事：美国历史上最胖的好莱坞影星利奥·罗斯顿演出时因突然心力衰竭而被送进汤普森急救中心。医务人员用尽一切办法也没能挽回他的生命。罗斯顿临终前喃喃自语："你的身躯很庞大，但你的生命需要的仅仅是一颗心脏！"

作为一名胸外科专家，哈登院长被罗斯顿的这句话深深打动了，他让人把这句话刻在医院的大楼上。

后来，美国石油大亨默尔也因心力衰竭住进了这个急救中心。由于工作繁忙，他在汤普森急救中心包了一层楼，增设了五部电话和两部传真机。当时的《泰晤士报》称这里为美洲的石油中心。

默尔的心脏手术很成功，但他出院后没有回美国，没有继续他的石油生意，而是住在苏格兰乡下的一栋别墅中，并且卖掉了自己的公司。他被医院楼上刻着的罗斯顿的话深深打动了。他在自己的自传中写道："富裕和肥胖没什么两样，都不过是获得了超过自己需要的东西罢了。"

默尔是伟大的，他能及时醒悟，领悟到人生的真谛。现实生活中，又有多少人执迷不悟，任欲望无休止地膨胀下去，以致让生命超载呢？人往往都是这样，只有面临生死抉择的时候才会大彻大悟，才能感到生命比什么都重要。

芸芸众生，能坦然面对生命的少，能舍弃名利的更少，生活中不乏视名利胜于

161

生死者。人只有看透生死，才能看破名利的虚妄性。其实，生活未必都要轰轰烈烈，平平淡淡才是真。有的人认为，生命并不需要多彩多姿，只要宁静安详地生活就可以"云霞青松作我伴，一壶浊酒清淡心"，这种意境宁静悠然，像清澈的溪流一样富有诗意。平淡的生活既美好，又能长久，这是生活在急切中的人所渴求不到的。只要有自己生活的境界，不见得要与别人共流。溪流虽小，载得动孩童的纸船；人生苦短，载不动太多的物欲和虚荣。生活本于平淡，归于平淡，而其中的热烈渴望或者痛心的失望其实是心灵的失落和迷茫。

相传古时候有个长发公主叫雷凡莎，她头上披着很长很长的金发，长得十分漂亮。雷凡莎自幼被囚禁在古堡的塔里，和她住在一起的老巫婆天天说雷凡莎长得很丑。

一天，一位年轻英俊的王子从塔下经过，被雷凡莎的美貌惊呆了，从这以后，他天天都要到这里来，一饱眼福。雷凡莎从王子的眼睛里认清了自己的美丽，同时也从王子的眼睛里发现自己的自由和未来。有一天，她终于放下头上长长的金发，让王子攀着长发爬上塔顶，把她从塔里解救出来。

其实，囚禁雷凡莎的不是别人，正是她自己，那个老巫婆是她心里迷失自我的魔鬼，她听信了魔鬼的话，以为自己长得很丑，不愿见人，就把自己囚禁在塔里。人在很多时候，都会作茧自缚，人心很容易被种种烦恼和物欲所捆绑。那都是自己把自己关进去的，就像长发公主，对老巫婆的话信以为真，认为自己长得很丑，因此将自己囚禁起来。

就是因为自己心中的枷锁，我们凡事都要考虑别人怎么想，别人的想法深深套在自己的心头，从而束缚了自己的手脚，使自己停滞不前。就是因为自己心中的枷锁，我们独特的创意被自己抹杀，认为自己无法成功，难以成为配偶心目中理想的另一半，无法成为孩子心目中理想的父母，父母心目中理想的孩子。然后，开始向环境低头，甚至于听天由命、怨天尤人。

在人生的海洋中，我们犹如一条游动的鱼，本来可以自由自在地游动，寻找食物，欣赏海底世界的景致，享受生命。但突然有一天，我们遇到了珊瑚礁，然后自己就不愿再动弹了，并且呐喊着说自己陷入绝境。这，想想不可笑吗？自己给自己营造了心灵的监狱，然后钻进去，坐以待毙。

人的一生的确充满许多坎坷，许多愧疚，许多迷惘，许多无奈，稍不留神，我们就会被自己营造的心狱所监禁。而心狱，是残害心灵的杀手，它在使心凋零的同时又严重地威胁着我们的健康。

二、"鲜花"总有一天会开放的

在 2005 年的春节晚会上，《千手观音》这个舞蹈节目，被 21 位演员演绎得美轮美奂，犹如千手观音降临人世，给人以视觉和心灵的震撼。赢得了全国观众"激动流泪"的评价，以及此后长久的赞誉和惊叹。

感动人们的不仅仅是对艺术的震撼，而是人们对生命的敬畏。这个舞蹈的名字是《千手观音》，它的表演者都是聋哑人。他们都生活在无声的世界里，听不到乐曲，掌握不了节奏，但他们却用身体和心灵感受震动，用优美的身段和婀娜的体态展现无声世界的韵律与美感，用优雅的神态和天使般的微笑诠释灵魂深处的祥和。在经过了几十次甚至上百次失败之后，21 位身患残疾的舞者用自己对生命的感悟捧出了净化人们灵魂的清泉，在经过了灵魂的涤荡之后，全中国为之动容和喝彩。

生命固有的倔强和坚韧，正是人生绝响的咏叹调，聆听来自心底的声音，往往能激发生命的潜能，从而去创造人间的奇迹。

一个公司里最近内部人员议论纷纷，因为听说现任总裁要被调走了，而接替他的总裁是个十分严格的人。大家都明白，每次领导层的变动都会引起人事方面的调整，一时之间，真是几家欢乐几家愁。欢乐的当然是那些有真才实学，勤恳做事的人，发愁的自然是那些靠奉承上司才登上高位的人。

不久，公司果然发了通知，旧总裁调任，新总裁马上就到。很快，那位新总裁就上任了。突然换了一个完全陌生的主管，大家心里都有些提心吊胆，唯恐出了错。俗话说"新官上任三把火"，谁也不希望惹火上身。一时之间，那些平时不认真做事，

163

总找机会偷懒的人收敛了许多，人人都辛勤工作。谁知新总裁来了以后并没有采取什么行动，反而夸奖员工们工作努力，之后他就把自己关在了办公室里，什么事情都不管，直到下班才从办公室里出来。

刚开始，大家不知道新总裁在玩什么把戏，所以没有人敢松懈，做起事来反而更加卖力。谁知一晃两个月过去了，新总裁还是毫无作为，因此大家都认为他是一个不管事的人。于是，以前工作不认真的人又开始肆无忌惮起来，觉得新总裁也不过如此，而向来兢兢业业工作的人则越来越失望。

很快，又是两个月过去。有一天，新总裁忽然出现在大家面前，手里还拿着一页纸。后来大家才知道那是新总裁列的一张人事调动名单，那些不认真工作的人都写在被解雇者之列。新总裁的"三把火"现在才正式烧起来。接下来，他又对剩下的人进行了整顿，把公司机制进行了大刀阔斧的改革，下手之迅捷，断事之果敢，与当初来时判若两人。经过新总裁的整顿，公司的效益很快就飞速提升了。在佩服新总裁优秀的领导才能之余，人们还十分想知道，为什么刚来那四个月，新总裁什么都不做，而接下来却又雷厉风行。许多人都把这个疑惑向新总裁提了出来，他只是笑了笑，并未直接回答，而是给大家讲了一个故事：一个人刚买了一幢别墅，他看到院子里杂草丛生，很不整洁，就叫人把院子里的杂草全都除去了。有一天，别墅的原主人前来拜访，他在院子里转了一大圈，似乎在找什么东西。现在的主人就问："你在找什么东西呀？"原来的房主奇怪地说："原来这院子里种了几株珍贵的兰花，现在怎么不见了？"这时，现在的房主才知道自己将兰花也当作野草除去了，从而后悔不已。不久，这人又有了另外一幢别墅，这回他吸取了上回的教训，再也不急着除草了。等到春天来到时，那些看似杂草的花草都开出了美丽的花朵，他这才把真正的杂草除得干干净净。

听了这个故事，大家恍然大悟，怪不得新总裁要那么做呢！原来他是怕把公司里的"鲜花"也当作"杂草"除去了，于是，他足足观察了四个月，直到真正分清了谁是"鲜花"，谁是"杂草"才开始整顿。生活中就是这样，有时候"鲜花"混

杂在"杂草"之中，很难分清，但是，只要是"鲜花"就会有开放的一天，只要经过长期等待和观察，就可以分清良莠。

三、学会变通

有人问古希腊哲学家安提司泰尼："你从哲学中获得了什么呢？"他回答说："同自己谈话的能力。"

同自己谈话，就是发现自己，发现另一个更加真实的自己。

法国大文豪雨果曾经说过："人生是由一连串无聊的符号组成。"的确，我们生活中的大多数时光都在很普通的日子里度过，有时，看似很正常的生活，感觉却似走进生活的误区。有点儿疲惫，有点儿茫然，有点儿怨恨，有点儿期盼，有点儿幻想，总之，被一些莫名其妙的情绪、感受占据了内心，而懒得去理清。

我们总是在冥冥之中希望有一个最了解自己的人，能够在大千世界中坐下来静静倾听自己心灵的诉说，能够在熙熙攘攘的人群中为我们开辟一方心灵的净土。可芸芸众生"万般心事付瑶琴，弦断有谁听"？

其实，我们自己，不就是自己最好的知音吗？世界上还有谁能比自己更了解自己呢？还有谁能比自己更能替自己保守秘密呢？

有一则脑筋急转弯这么说："一个人要进屋子，但那扇门怎么拉也拉不开，为什么？"回答是：因为那扇门是要推开的。

生活中我们有时会犯一些诸如只知拉门，不知推门的错误。原因很简单，就是我们有时遇事爱钻牛角尖，不会变通。有时候，周围的环境变了，我们却不知变通，还在固执己见，钻牛角尖，认死理，结果却闹出笑话来。

关于皮鞋的由来，据说有这样一个典故：

早期没有鞋子穿，人们走在路上，都得忍受碎石硌脚的痛苦。某一个国家，有一个仆人把国王的所有房间全铺上了牛皮，当国王踏在牛皮上时，感觉双脚非常舒服。

于是，国王下令全国各地的马路上，都必须铺上牛皮，好让国王走到哪里，都

165

会感觉舒服。有一个大臣建议，不需要如此大费周折，只要用牛皮把国王的脚包起来，再拴上一条绳子就可以了。于是无论国王走到哪里，都感到舒服。故事中的大臣是聪明的，他的变通，使舒服与节约两全其美。假如，我们在工作学习之余，能学会变通，随时调整自己的方向和计划，便会有事半功倍的效果。

唐代高僧神秀曾作一偈："身是菩提树，心如明镜台，时时勤拂拭，勿使惹尘埃。"心如明镜，纤毫毕见，洞若观火，那身无疑就是"菩提"了。但前提是"时时勤拂拭"，否则，尘埃厚厚，心定不会澄碧，眼定不会明亮了。

一个人在尘世间生活久了，心灵会不可避免地沾染上尘埃，使原来洁净的心灵受到污染和蒙蔽。心理学家曾说过："人是最会制造垃圾污染自己的动物之一。"的确，清洁工每天早上都要清理人们制造的垃圾，这些有形的垃圾容易清理，而人们内心诸如烦恼、欲望、忧愁、痛苦等无形的垃圾却不容易清理。因为，这些无形的垃圾常被人们忽视，或者，出于种种担心与阻碍不愿去打扫。譬如，太忙、太累，或者担心扫完之后，必须面对一个未知的开始，而你又不确定哪些是你想要的。万一现在丢掉的，将来想要时却又捡不回来怎么办？

清扫心灵的障碍不是一件容易的事，因为它充满着心灵的挣扎与奋斗。不过，你可以告诉自己：每天扫一点儿，每一次的清扫，并不表示这就是最后一次。而且，没有人规定你必须一次扫完。但你至少要经常清扫，及时丢弃或扫掉拖累你心灵的东西。

每个人都有清扫心灵的责任，对于这一点，古代的圣者先贤看得很清楚。圣者认为，"无欲之谓圣，寡欲之谓贤，多欲之谓凡，得欲之谓狂"。圣人之所以为圣人，就在于他心灵的纯净和一尘不染；凡人之所以是凡人，就在于他心中的杂念太多，而自己还蒙昧不知。所以，圣人了悟生死，看透名利，继而清除心中的杂质，让自己纯净的心灵重新显现。

我们都有清理打扫房间的体会，每当整理完自己最爱的书籍、资料、照片、唱片、影碟、画册、衣物后，你会发现，房间原来这么大，这么清亮明朗！

其实，心灵的房间也是如此，如果不把污染心灵的废物一块一块清除，势必造成心灵垃圾成堆，而原来纯净无污染的内心世界，亦将变成满池污水，让你变得更贪婪、更不可救药。

人的一生，就像一趟旅行，沿途有数不尽的坎坷泥泞，但也有看不完的春花秋月。如果一颗心总是被灰暗的风尘所覆盖，干涸了心泉、暗淡了目光、失去了生机、丧失了斗志，我们的人生轨迹岂能美好？我们应该"时时勤拂拭"，勤于清扫自己的"心灵"，勤于掸净自己的灵魂，给心灵一条自由的通道。

四、学会放下，思考的方式就会不同

有一个中年人，家庭、事业取得了双丰收，心里却总感到很空虚，后来这种感觉越来越严重，所以不得不去看医生。医生听完了他的陈述，说："我开几个处方给你试试！"于是开了四帖药放在药袋里，对他说："你明天 9 点钟以前独自到海边去，不要带报纸、杂志，不要听广播，到了海边，分别在上午 9 点、中午 12 点、下午 3 点和 5 点依序各服用一帖药，你的病就可以治愈了。"

那位中年人半信半疑，但第二天还是依照医生的嘱咐来到海边，一走到海边，尤其在清晨，看到广阔的海，心情顿时开朗。9 点整，他打开第一帖药服用，里面没有药，只写了两个字"谛听"。他真的坐下来谛听风的声音，甚至听到自己心跳的节拍与大自然的节奏合在一起。他已经很多年没有如此安静地坐下来听，因此感觉身心都得到了清洗。到了中午，他打开第二个处方，上面写着"回忆"两个字。他开始从谛听外界的声音中转回来，回想起自己童年到少年的无忧、快乐，想到青年时期创业的艰辛，想到父母的慈爱，兄弟朋友的友谊，生命的力量与热情重新在他的内心燃烧起来。下午 3 点，他打开第三帖药，上面写着"检讨你的动机"。他仔细地回忆早年创业的时候，是为了服务人群，热诚地工作；等到事业有成了，则只顾赚钱，失去了经营事业的喜悦，为了自身利益，则失去了对别人的关怀。想到这里，他已深有所悟。到了黄昏的时候，他打开最后的处方，上面写着"把烦恼写在沙滩上"。他走到离海最近的沙滩，写下"烦恼"两个字，一波海浪，立即淹没

167

了他的烦恼，洗得沙滩上一片平坦。

像故事中的这个人可能在生活中有不少，或许有类似的人经常出现，那么医生开的四个处方"谛听、回忆、检讨你的动机、把烦恼写在沙滩上"，对这位中年人代表什么意义？你会如何诠释这四个处方呢？什么时候你曾"谛听"过你自己？那是多久以前的事了？什么时候你会回忆？又什么时候你会检讨你的动机？你有哪些烦恼？你是如何放下烦恼的呢？对故事中的中年人，是什么原因让他在回忆当中，在他的内心重新燃烧起生命的力量与热情呢？对你而言，你生命的力量与热情是什么？你有多久没有这样的热情与力量了？是什么原因造成你失去这份热情与力量？经过这样的反思，这个故事告诉了你什么？

往往越简单的事，我们越会复杂处理，却没想到，原来回归纯真和自然，学会放下，思考的方式就会不同。把烦恼写在沙滩上，一波海浪，立即淹没了烦恼，洗得沙滩上一片平坦……或许有人会认为这是在逃避，但是把烦恼写在沙滩上这样的想法，却需要多么宽广的胸怀呀！

五、有阳光的地方就有欢乐

小时候我们就懂得有阳光的地方总是温暖的，稍微大一点儿我们慢慢懂得有阳光的地方就有希望，等到经历了人生的一些酸甜苦辣后，我们才渐渐明白通向有阳光的地方的道路是曲折的，但又充满着诱惑。

读过这样一则短新闻：意大利一座小镇发生地震时，一名26岁的小学教师对被压在书桌和倒塌的天花板下的学生喊道："找有阳光的地方！有阳光的地方就有空气，有空气的地方就能呼吸。"危难时刻老师一句临危不惧的话，让这个班成为该校在这场灾难中生存率最高的幸运班级。在大难临头之际，在许多人面对灾难束手无策时，只有那个老师心存希望。

只要理性思考人生，那么世界对他们而言就没有所谓的绝望的境遇。他们不知道何谓心灵的痛苦，他们不怕没有阳光，不求明哲保身，只求通向阳光的道路，只求把自己内心微弱的光芒分给别的需要阳光的弱小心灵。这样的人是拥有高贵生活的人，他们不回避危难，不回避黑暗，也不盲目追随他人。

找有阳光的地方，有阳光的地方就有希望。不论在顺境还是在逆境中；不论在得意还是在失意的道路上；不论在鲜花还是在荆棘面前；不论在痛苦酸涩还是在幸福欢乐的时刻，我们眼前的任何事实，都不如我们对它所持的态度那样重要，因为那会决定我们的成功或失败。我们对某件事的思考方式可能在我们有所行动之前就已将我们击垮。我们被事实征服，只因为我们以为自己会这样，只因为我们已经失去了寻找有阳光的地方的信念和恒心。

没有阳光的日子，我们可以用上所有的意念耐心等待阳光，因为乌云是遮不住太阳的；没有灯光的时候，我们不用坐以待毙，因为偶然的停电事故并不意味着长久的生活故障，不能阻碍我们走向美好生活的脚步；没有月光的时候，我们还可以在缥缈的星空下期待星光，因为东方不亮西方亮。人生在世，三十年河东三十年河西，没有谁能保证我们永远活在黑暗和阴云之下。

世上所有美好的事物都与阳光密切相关。花儿有了阳光就有了色彩；江山有了阳光就有了锦绣多姿的画卷；日月轮回，宇宙有了忽明忽暗的阳光，我们的生命就多了一段长度。找有阳光的地方，有阳光的地方就有欢乐，有欢乐的地方就有健康，有健康的地方就有希望。

六、平常心

平和的心态对减轻压力的积极作用，是任何药物所不能替代的。

人生犹如一把乐器的弦，压力过大，弦就会断。只有不时地减轻压力，弦音才能优美动听。正如古人所说，宠辱不惊，闲看庭前花开花落。去留无意，漫随天外云卷云舒。只有当心态有了平和而又不失进取的弦音，我们生存在这个社会中才能左右逢源，许多棘手问题也便迎刃而解，许多人间的美景才能尽收眼底。平和的心态是一种至高的人生境界，一种面对荣誉、金钱、利益的达观与豁达。

有人曾问苏格拉底："请告诉我，为什么我从未见过您蹙眉，您的心情怎么总是这样好呢？"苏格拉底答道："我没有那种失去了它就使我感到遗憾的东西。"不以物喜，不以己悲，这是人生的一种境界。"跌倒了并不可怕，重要的是懂得站起来时手里能够抓到一把沙子"。

任何一次成功都只是人生旅途中的一个驿站，它来源于平实，归终于平实，一个社会格局的开创固然需要很多野心勃勃的人物去创造，但一个社会是否能够持久安定，维持文化的尊严与品格，还是需要全社会都建立培养一种平和的心态。

平和的心态对减轻压力的积极作用，是任何药物所不能替代的，在竞争日益激烈的今天，学会平和自己的心态对身体健康乃至事业的成败都是至关重要的。有句俗语："心静自然凉。"如果人的心态、心境能够悠然、恬静、积极健康、顺其自然，那么即使是在炎热的夏天，也会有清凉的感觉。或许有人会说古人生活在田园之间，"采菊东篱下，悠然见南山"这种典型的农业文明下，人不需要面对那么多的诱惑，自然能够做到心态平和，这句话或许有一定的道理，在物欲横流、诱惑重重的今天能够做到平和并非易事。在数字化的时代，我们不断地接受各种各样的刺激，不断地吸收五花八门的信息，不断地追求和积累人生价值。面对纷繁复杂的大千世界，久而久之，连我们自己都会被搅得晕头转向，不知道这些到底是什么，自己所要的又是什么。我们积累了太多关于名誉、地位、财富、学历的欲念，同时也积累了很多兴奋、自豪、快乐、幸福以及烦恼、郁闷、懊悔、自卑、挫折、沮丧、愤怒、仇恨、压力种种复杂的情绪。我们会时常为之所动，甚至神魂颠倒，被外界的刺激搅得心神不宁甚至坐卧不安。要重新稳固我们生活的定力，回归平和的心态，就得常常给自己的心灵洗一洗澡，经常将这些积累的东西分类鉴别。早该抛弃的是否依旧占据你的心灵空间？早该珍视的是否还在被你漠视？吐故纳新之后，就如同你在擦拭掉门窗上的尘埃与地面上的污垢，把一切整理就绪之后，整个人好像心理阴霾得到荡涤一样，获得一种快意无比的心理释放。

心理学家也告诉我们，对自己不要过分苛求。若把目标和要求定在自己力所能及的范围内，不仅易于实现，而且心情也容易舒畅；对他人的期望不可过高。很多人把自己的希望寄托在他人身上，若对方达不到自己的要求，就大失所望。

但是平和并不是掩饰自身某种退缩、自欺欺人的外衣，这些年来，"平常心"似乎成了一个时髦的词，在各种媒体中使用率非常高，但是其实平和是一种经过挫折失败，不断奋斗努力才能历练出的人生境界，它并不是几句"平常心""与世无争""顺其自然"等等好像禅味十足的言词所能概括的。事实上就像小孩子不跌倒就不会走路一样，不经过一番血与火的生命洗礼，哪能如此轻易地练就一颗平和的心呢？

七、激流勇退

回避现实几乎成为一种流行性疾病。社会环境总是要求人们为将来牺牲现在。根据逻辑推理，采取这种态度就意味着不仅要避免目前的享受，而且要求永远回避幸福。

回避现实往往导致对未来的理想化。你可能会觉得，在今后生活中的某一个时刻，由于一个奇迹般的转变，你将万事如意，获得幸福。一旦你完成某一特别业绩——如毕业、结婚、生孩子或晋升，生活将会真正开始。然而，当那一时刻真的到来时，它永远没有你想象中的那么美丽。

如果你也像托尔斯泰书中的伊凡·伊里奇那样，回顾自己的一生，你将发现自己很少会因为做了某事而感到遗憾。恰恰相反，正是那些你所没有做的事情才会使你耿耿于怀。

压力如激流，当激流过急、过猛时，不如退一步，并不是逃避和退缩，而是为了调整自己，以更好地迎接压力和挑战。

激流勇退就是一种放弃，但激流勇退并不是舍弃生活的主流，激流勇退更不是强求不食人间烟火的脱俗，而是呼唤一种率直的生活理念，一种近乎平淡却真挚的人生态度。进和退是一个问题的两面，世界上的一切事情都是有进有退的。如果说"逆水行舟"是一种进的艺术，那么"激流勇退"就是一种退的艺术。高明的人往往深

171

谙激流勇退的道理，因其退得及时，故常能立于不败之地。激流勇退虽然是一种放弃，但激流勇退是一种智慧的表现，激流勇退是一种清醒的选择，激流勇退是一种明智之举。

生活在五彩缤纷、充满诱惑的世界上，每一个心智正常的人，都会有理想、憧憬和追求。否则，他便会胸无大志，自甘平庸，无所建树。然而，历史和现实生活告诉我们：必须学会放弃！放弃是为了更好地拥有。人生是复杂的，有时又很简单，甚至简单到只有取得和放弃。取得往往容易心地坦然，而放弃需要巨大的勇气。若想驾驭好生命之舟，每个人都面临着一个永恒的课题：学会放弃！

成功者在某一方面肯定有他的独到之处，但很少有面面俱到、十全十美的人。因为，人在发展某一方面的同时，也在放弃着其他的方面。尽管有的人并不清楚这个道理，但并不妨碍事实如此。即使在一个具体的生活或工作方面，有所得亦有所失，有意识地放弃往往是争取更大成功的前提条件。

当人执着于某一方面如金钱、名誉、地位或某项工作时，往往会表现出只专注于此，而不计其他的情况。无论是生活的哪个方面，总想"鱼和熊掌兼得"，什么都想要的人其实经常是顾此失彼，甚至什么也得不到。激流勇退，并不是让你放弃自己既定的生活目标、放弃对事业的努力和追求，而是放弃那些力所不能及、不现实的生活目标。其实，任何获得都需要付出代价，付出就是一种放弃。人在生活中需要不断作出选择，选择也是一种放弃。在现实社会中，生活中的诱惑实在太多了，拒绝诱惑也是一种放弃。

既然我们知道鱼和熊掌不可兼得，为什么还要苦苦煎熬，渴求全部得到呢？其实，如果我们懂得果断放弃，这种困惑是不难消除的。处在当今令人眼花缭乱的精彩世界中，我们面对的鱼与熊掌之类的选择愈来愈多。因此，放弃便成了我们的必修课。梅花放弃温室，便得到与寒风冷雪傲斗的娇姿；骏马放弃平川大道，便得到驰骋高原的洒脱豪逸；而我们放弃电缆车、人力轿，也会得到攀登崎岖、探寻坎坷的无畏，得到云烟飞渡、峭壁险峰的迷人风光。

激流勇退，未必就是怯懦无能的表现，未必就是遇难畏惧、临阵脱逃的借口。

有时候，激流勇退恰恰是心灵高度的跨越，是睿智思索的最佳抉择。学会激流勇退，不是看破红尘、与世无争，而是淡泊明志、宁静致远。学会激流勇退，不是不食人间烟火、清高自负，而是为人有道、胸怀达观；学会激流勇退，不是摒弃人格、放弃原则，而是坚持真理、一往无前；学会激流勇退，而后获取，这是人生的一种智慧、一种哲理、一种艺术。

能够放弃一些东西，是人生的一道美丽风景。有时，激流勇退就是一种高远目光，就是一种趋利避害，就是以退为进、弃旧图新。学会放弃，学会激流勇退，人生就会有一个更新、更高的目标。

八、"想"和"想要"

如果你想成功，就要先明确你想做什么。

你以为有了热切的向往时，你已经在强烈地需要了，但是如果和其他有真正强烈持久欲望的人一比，你会发现你所表现的不过是对心仪的某物产生"愿望"。跟那些完全被激起来的欲望相比，你的"愿望"只是如影子般的虚幻。可能你向来对"欲望"的艺术不在行。极少有人真正懂得怎样"想"和"想要"，才能充分唤起欲望的自然之力。

下面我们来看一个故事。

一位老师带学生在深湖上泛舟，突然间将学生推下了船。年轻人沉入水里几秒钟后冒出水面来喘气。老师不待他吸足气，又用力把他按了下去。年轻人又冒了出来，却又被按了下去。他第三次冒出来时几乎没有了力气。这次老师把他拉上来，尽快让他恢复了正常的呼吸。

当这个年轻人缓过神来时，老师对他说："告诉我，在拉你上来之前你最最想要的是什么？"年轻人答道："哦，老师，我最想要的是呼吸空气。对我来说，当时没有任何别的欲望了！"然后老师说："那就让这成为你将来人生欲望的程度。"

你可以想象一下年轻人当时的处境，当你成功的欲望像年轻人需要空气一样强

烈时，你就会成功。

若换一种阐释的方式，你也不妨想象一下在隆冬的密林中迷路而且饥饿不堪的人对食物的渴求。当你饿得连不新鲜的干面包皮都变得美味无比时，你才开始懂得真正饥饿的感受。你可以从那些因为在森林中迷路或遭海难，而不得不啃树皮或嚼靴子上割下的皮革以试图平息强烈的饥饿感的人中了解与饥饿有关的信息。如果你能理解这种人的心情，也许你开始明白了"持久的欲望"的真正含义。

我们可以想象一下，那些船只失事后在海上漂浮多日而身边没有淡水且消耗殆尽的人，或者在沙漠中迷路的人，其对水的渴望是一般人无法想象的，那些人才知道"持久欲望"的滋味。人没有食物可以活许多天，没有水却只能活几天，而没有空气则只能活几分钟。当这些生活的基本必需被暂时剥夺后，人便会发现内心激起了最强烈和最自然的情感和欲望，而这些情绪和欲望会转化成不断要求得到满足的激情。在此时，所有其他情感状态都被抛在脑后。

你也可以想象母亲在子女遇到危险时保护子女的那份急切的心情吧——这会告诉你自然欲望彻底被激起时的特征。即使弱小的鸟类在抵挡企图抢走幼鸟的动物时也会奋不顾身地投入战斗。雌性的野兽在幼兽跟随的时候会变得加倍的凶猛。在幼兽有危险时，雌兽远比雄兽能够致对方于死地。东方有句谚语："当母老虎还在附近自由出没时，想偷虎仔的人要么英勇无双，要么愚蠢透顶。"

由此，我们可以发现任何生物都存在着一种休眠的情感力量，在适当的刺激下会激发成巨大的，并且能够指向刺激所代表的某种具体目标。

许多人之所以能做得很好，是因为那些成功人士都在欲望之路上走过了一段路程。他们在自己心中激起了沉睡于思想和情感深处的自然的欲望之力，并且使这种自然力量涌向从潜意识中升至表面的首要欲望的各个渠道。

不管你往哪个方向看，都会发现那些举足轻重的成功人士是激起了如此自然之力的人。像我们举过的例子一样，他们明白自己做什么。他们从不怀疑自己的首要欲望，而且他们也强烈地渴望着，并且愿意付出代价。

读一读那些成功人士的传记，看看伟大的发明家、探险家、企业家、艺术家

文学家,那些所有取得过非凡成就的人的事迹。你会发现他们身上全有"明确的目标、持久不懈的欲望、十足的信心、坚定的决心和平衡的报偿",而这些便是我们传授于你的成功的万能公式。

就是这种"强烈的欲望"使那些有坚定目标和决心的男男女女有别于那些普通人。正是由于认识到了人们身上的这种精神,迪斯累里说到长期的沉思使他坚信一个目标,而且意志坚强到不惜为实现目标而牺牲生命的人一定会达到目的。

九、思考带来的力量

对于名人来说,他们大多具有积极思考的习惯。而一个好主意就是商机的所在,就是成功的所在,就是财富的所在。

生活是由思想造成的,这是曾经统治罗马帝国的伟大哲学家马尔卡斯·阿理流士说过的一句话,这句话说明了思想对于人生的重要和决定作用。人是会思考的动物,正因为人的思想机能的发达使人类产生了智慧,就目前而言,这种智慧是宇宙独一无二的。正如某广告所说:"生活要有主意。"

有位青年画家想努力提高自己的画技,画出人人喜爱的画。为此,他想出了一个办法。

他把自己认为最满意的一幅作品的复制品拿到市场上,旁边放上一支笔,请观众们把不足之处指点出来。集市上人来人往,画家的态度又十分诚恳,许多人就真诚地发表自己的意见。到晚上回来,画家发现,画面上所有的地方都标上了指责的记号。也就是说,这幅画简直一无是处。

这个结果让年轻人大吃一惊,也等于给他迎头一棒,于是他开始怀疑自己到底有没有绘画的才能。

他的老师见状后就让他换了一种方法。

第二天,画家把同一幅画的又一个复制品拿到集市上,旁边放上了一支笔。所不同的是,这次是让大家把觉得精彩的地方给指出来。到晚上回来,画面上所有的

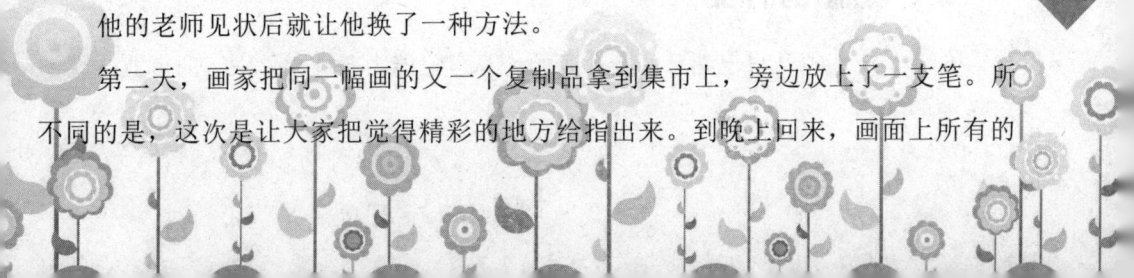

175

地方同样标上了各种满意的记号。

青年画家乃大彻大悟，以后在画坛上终有成就。

由于每个人的思想不一样，考虑问题的角度也不同，于是造成了生活上的差异。

这就如同我国宋代著名爱国诗人陆游诗中所云："山重水复疑无路，柳暗花明又一村。"人生旅途亦是如此，特别是在市场经济中创业的人们，有时，一个小小的创意，产生一种创新的产品或创新的经营思路，就能开辟出一条成功的新路。

永和豆浆的崛起就是靠一个好点子。豆浆是中国人的传统食品，因太过熟悉而无人注意，在洋快餐充斥世界各地的情况下，小小的豆浆也能创造奇迹？人们开始是不相信的，中国快餐业的失败已有前车之鉴，何况这不登大雅之堂的豆浆油条？并且这是在食品不景气的情况下作出的决断，更加令人怀疑其发展前景。

但永和豆浆的创办人却能另辟蹊径、突发奇想。第一，他认为民以食为天，吃饭总是少不了的，不管经济景气还是不景气；第二，豆浆油条虽不起眼，却是中国传统食品，人们对它很有感情，容易接受；第三，快餐符合现代生活节奏，豆浆油条既简单又快捷，有营养，足以满足现代人的需求；第四，豆浆油条及点心食品能使用机器批量生产，整齐、统一是快餐的风格；第五，因为它既便宜又营养丰富，实在是价廉物美，尤其在经济萧条时期，人们口袋里的钱不是那么充裕，自然会更多地考虑价格。

于是，永和豆浆就在经济低迷时期竖立起了大旗。这个创意果然取得成功，它成为中国快餐业的一朵奇花，为中国食品业的发展提供了诸多的启迪。

思考可以给人带来无穷的力量，没有思想，一切就会停止下来，没有了生机。

如果你一直沿着别人的老路走，那么你是很难出人头地的。

十、熟悉的行业

创业，一般要从自己熟悉的行业开始。与自己能力范围相差太远的事业，就不应该去考虑它。

让你更快乐

世间的事业虽然很多，但适合自己干的事业并不多。何况穷困的人也没有过多的时间和条件去学习和实践。

基于这个因素，通常人再怎么变动，还是脱离不了他原有工作的窠臼，譬如从事纺织业的，变来变去还是在纺织业里兜转，搞贸易的，搞来搞去还是搞贸易，所不同的，只是从这个小圈圈跳到那个小圈圈而已。

说来这是人性的弱点，但也不妨视为"机缘"，一切的失败与成功，也就从这个机缘开始。

要想脱离打工生涯，走上个人创业之路，一般先从自己原先工作的行业范围内求发展，另外一种方式是选择以原先工作时认识的顾客为目标的行业进军。

较具突破性的，虽然选择的事业与原来工作毫无关联，但顾客的定位仍然是与自己较有关系者，例如亲友、同学、同事或原来工作时认识的顾客，甚至在酒廊应酬时认识的人或只有见过一次面而交换名片者。

对于能够提携、帮忙的人，我们习惯上的称呼是所谓的贵人，事实上，每个人要成功，几乎都不能没有贵人。

做生意并不一定是要几十万元，或许更多，或许并不要那么多，但原则上是要自己能够负担的范围，所谓的范围，包括先期投入的资金及未来营业上的周转金。

尤其初次创业，若选择以前一点儿都不熟悉的事业，那么风险性是大了一点儿，所以最好还是先从自己能力范围内的行业去发展较妥当。

三五年内能够成功的事业，都值得大家去尝试。有趣的是，大部分的事业在开始时，都是很艰苦的。

以开餐厅来说，最初靠的都是亲朋好友的捧场，但如果未能有更进一步的改善，不多久，可能就要闲得没事拍苍蝇了。因此从事任何事业，还是要像泥瓦匠一样，把砖头一块一块地砌起来，如此才会成功。

任何事业都有它的生命周期，要学会适应这个过程。

以前，找到工作后，就像搭上了直达车一样，中途要下车可是很难，但目前由于整个产业环境已有了大改变，所以可选择的交通工具——就职或创业——也就很

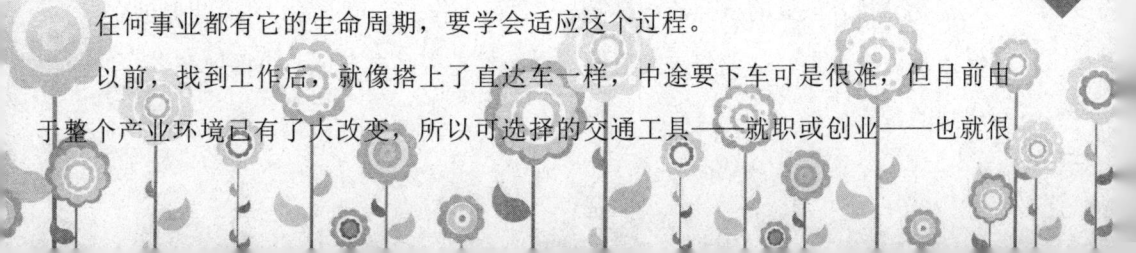

177

多了，而其最终的目标还是获利多少问题。

过去，中国多是铁饭碗，少有裁减员工的现象，如今随着个体户、乡镇企业、三资企业数量的急剧增加，人员流动逐渐频繁，裁减员工的事逐渐增多。过去，经济发达的国家，一般公司很少会裁减员工，而员工也很少有因为要追求自己的理想而中途辞职的现象，但随着经济与产业环境的大变动，目前这种现象已越来越普遍了！

一定要选择自己感兴趣的工作去做。如果对目前的工作不感兴趣，不妨尽早脱离那个工作去追求自己的理想。

一般人大多是仰赖亲戚、朋友的提拔，有些是靠同事、同学的引荐，有些则是某种机会里被人点了一下，就开始从事新的事业。总而言之，一个人要闯天下，似乎是少不了"贵人"的启示或提拔的。

由于贵人可遇不可求，所以你平时要加强学习，练好"内功"，只要机会一到，你就可以将周围的亲友变成贵人。既然40岁以前创业较佳，那么您就不妨在此之前，积极地进行创业的准备，并尝试其可行性。不过话又说回来，无论是工薪阶层或自行创业，人际关系皆是件不容忽视的事。

贵人的出现，并不是凭空而来，至少要有比你实力强的人看得起你才行，或是亲朋好友皆认为你值得支持、提拔，你才有贵人。假若你信用不佳或举止失态、讲话放肆，到处惹人讨厌，那么，贵人是永远不会出现的，即使出现了，也会渐渐失去！

选择人生往往是从选择职业开始的。

所谓的"女怕嫁错郎，男怕选错行"，正是提醒人们择业时要谨慎。选择行业时要考虑到自己的能力。

所以，与自己能力范围相差太远的事业，就不应去考虑它，如果真的对这项事业有兴趣，那就不妨选择这个行业中规模较小的边际产业着手。

总之，找寻创业的机会，一般应先从自己工作的环境着手，并且想要创立事业，须缜密地做个计划，估测将来发展的前景，看是否是自己能力范围所及者，这样才有成功的希望。

十一、激发进取心

当你的人生处于低谷的时候，你要学会自己改变自己，学会自己拯救自己。因此，你一定要有这样一个习惯：不断用新目标来刺激自己的进取心。凡成大事者都时刻保持这样一个良好习惯。

日本松下电器公司总裁松下幸之助，年轻时家庭生活贫困，靠他一人养家糊口。有一次，瘦弱矮小的松下幸之助到一家电器工厂去谋职。他走进这家工厂的人事部，向一位负责人说明了来意，请求给安排一个哪怕是最低下的工作。这位负责人看到松下衣着肮脏，又瘦又小，觉得很不理想，但又不能直说，于是就找了一个理由——我们现在暂时不缺人，你一个月后再来看看吧。这本来是个托词，但没想到一个月后松下幸之助真的来了，那位负责人又推托说此刻有事，过几天再说吧，隔了几天松下幸之助又来了。如此反复多次，这位负责人干脆说出了真正的理由："你这样脏兮兮的是进不了我们工厂的。"于是，松下幸之助回去借了一些钱，买了一件整齐的衣服穿上又返回来。这人一看实在没有办法，便告诉松下幸之助，"关于电器方面的知识你知道的东西太少了，我们不能要你。"两个月后，松下幸之助再次来到这家企业，说："我已经学了不少有关电器方面的知识，您看我哪方面还有差距，我一项项来弥补。"

这位负责人盯着他看了半天才说："我干这行几十年了，头一次遇到像你这样来找工作的。我真佩服你的耐心和韧性。"松下幸之助的毅力打动了主管，他终于进了那家工厂。后来松下幸之助又以其超人的努力逐渐锻炼成为一个非凡的人物。

在成大事者的眼里，失败不只是暂时的挫折，失败还是一次机会，它说明你还存在某种不足和欠缺。找到它，补上这个缺口，你就增长了一些经验、能力和智慧，也就会离成大事越来越近。世界上真正的失败只有一种，那就是轻易放弃、缺乏进取。

个人进取心，是你在挫折面前继续前进的动力，它会使你进步，使你受到关注而且会给你带来机会。在那些成大事者看来，个人进取心可以创造机会。巴尔塔是一位木匠的学徒，当他被派去建造衣橱时，他的周薪只有 400 美元。当完工后，看到他的客户对能善于利用空间以及他的手工品质而感到高兴时，巴尔塔想到了一个主意，他用从他第一位客户那儿赚到的钱，开了一家加州衣橱公司。

巴尔塔凭着当时深受欢迎的"将拥挤的衣橱，转变成能有效利用的空间"的需求，在 12 年内就扩大成为全美拥有 100 多家加盟店的大企业。也引起其他衣橱制造业者一窝蜂地跟进，巴尔塔便在 1989 年，将他的公司以 1200 万美金的价格卖给了威廉斯·索诺马。

巴尔塔可以作为一个木匠而感到满足，但他却能认清自己的能力，并获得远超过其他学徒梦想的成就。

只有不断进取，才能终有所获。贝斯和盖斯勒，是 1960 年费城一家电视公司的制作人。他们发现录影带比影片具有更强的市场适应性，虽然他们并非一流的制作专家，但他们决定开创自己的事业。

于是他们成立了一家录影公司，由于他们无法制作一流的节目，所以他们决定提供一些其他有价值的服务：提供最好的设备和空间给其他制作公司使用。虽然他们很早就进入这一行，但是他们仍然面临竞争，为了占有市场，他们不惜冒风险和可能没有付款能力的人签约。

除了提供设备和空间之外，他们还提供给客户一些最新技术，就像盖斯勒在接受《成大事杂志》访问时所说的："我们告诉客户他们可能想都没有想到的技术，他们得到好评，而我们得到付款。"

贝斯和盖斯勒的公司除了制作一些表演节目之外，还为录影技术人员提供训练讲座，他们还为一些公司，像 IBM、花旗银行等，提供公司内部通讯业务，也就是提供将位于纽约、洛杉矶等不同城市的人员连线以便召开电视会议的服务。

贝斯和盖斯勒，并非最先洞察视讯系统在未来市场上会拥有一片天空的人，但由于他们有采取行动、制订计划、承担风险和提供他人没有提供的服务的进取心，

故使得他们成为这一行的第一人，赢得了生存的优势。

在那些成大事者来看，个人进取心还可以创造进步。你的明确目标可能是有一天自己当老板，即使你将来没有当上老板，只要你为此努力过，你也不会后悔。

艾美是一家公司的行销策划人员，她看准了该公司视为失败的一项产品：白雪洗发露。它是一种价格低廉，而且不含添加剂的洗发露，这种洗发露没有华丽的包装，却能吸引讲究价格的消费者。于是她决定再次为"白雪"全力以赴进行推销并将它再呈给管理阶层，并告诉他们"白雪"的价值所在。最后管理阶层接受了她的提议，而"白雪"竟成为该公司销售最好的洗发露之一。

由于"白雪"销售成功，艾美成为该公司一家分公司的负责人。于是，她研创了一系列新的护发产品，而这些产品最后也都成了市场宠儿。

如今艾美已成为布瑞尔通讯的执行副总裁，该集团所从事的正是市场营销服务。由于她不断地以个人进取心为公司引进更多更好的产品，故她得到今天的职位可说是实至名归。她的公司同样也了解她愿意提供超过她应该提供的服务，哈佛商业学校颁给她"马克斯和柯恩卓越零售奖学金"，而《美金和意识》杂志称许她为"前一百名商业职业妇女"之一。

进取心能不断促使你开始新的行动。

开始一项不太完美的计划，总比拖延行动要好得多，"拖延"是你发挥个人进取心的大敌。如果你一开始时，就让拖延变成一种习惯的话，那么它必将蔓延到你日后的每一项行动中。

尽一切努力使你成大事的计划付诸实现，并从错误中学习经验。别理会那些说你的行动是自毁前程的人的话。当卡内基决定将钢铁的单价从每吨140美元降到每吨20美元作为他进入钢铁业的目标时，曾受到许多人的嘲笑。而当卡内基达到他的目标时，那些曾经嘲笑他的人连一毛钱都没有赚到。

如果你需要别人的建议，就付钱请教一些专家的意见吧！你从同事或朋友那里得到的免费建议将和你所付出的代价一样，什么也没有。

别让外在力量影响你的行动，虽然你必须对他人的惊讶和你面对的竞争作出

181

反应，但你必须每天以你的既定计划为基础向前迈进。用你对成大事的想象来滋养你强烈的欲望，让你的欲望热情地燃烧，随时提醒你不可在应该行动时，仍然坐等机会。

当你遭遇暂时挫折时，要不断激发自己的进取心，以便鼓起勇气，重新出发。

十二、拼搏才能赢得胜利

人们常说"爱拼才会赢"，这的确不错。在第二次世界大战战况最紧张的时候，丘吉尔对全英国人民广播说："我从来没有说战争是容易的！这场大战必须靠大家的冒险、血汗和拼命才能获胜！但是我向你们保证，我们一定会胜利的。"

如果我们能够力行达到成功的方程式，同时拥有在苦难环境中争上游的承受力与永不屈服的毅力，我们就能迈向成功！在人生的风雨中，要有忍受风吹雨打的抵抗力，才能让自己茁壮成长。那些生长在山脊上的树木，不知经过多少次暴风雪的洗礼，才能长成坚实的树干。总有人在搭乘飞机时为在风中颤动的机翼担心，担心万一它折断了怎么办。然而波音客机的设计师却这样告诉我们：机翼必须有相当的强度、适当的弹性去接受风速的考验，它不会那么轻易地被折断！

一个人如果不敢向命运挑战，不敢在生活中做出开创之举，命运给予他的不过是一个狭窄的牢笼，而他举目所见的也只是蛛网和尘埃。

西方谚语说，幸运儿出娘胎嘴里便含着银匙。平凡的你我生来除了两手空空，小嘴一张也仅有哭啼之声。哭诉也罢，抗议也罢，幸运既然没有"与生俱来"的获取之道，唯有靠自己创造。

我们不必羡慕那些出生优越的富家子弟，富家子弟有父母余荫可以倚仗，但事业也不见得一帆风顺，遭受挫折并不因有钱势得以幸免。若谈感情之事，古时候凭借财势能把中意的人据为己有，或重礼聘来做媳妇，可是今天就没有这种"运气"了，遇到对方看你不对眼，你就是有敌国之富，或者开出"愿拿江山换美人"的条件，也不一定能"掳获芳心"。

让你更快乐

人生从来没有十全十美的，多少都有点儿缺憾。

幸运的滋味若各有不同，不幸的感受必也因人而异。以爱情来说，乐观的人遭遇失恋，或许能以"大丈夫何患无妻""俏姑娘不愁没人娶"来自我解嘲。万一不幸，碰在一起的是痴男怨女，谁能担保不会一念之差寻短见？看《殉情记》我们不免为男女主角的玉石俱焚而叹息。然而，罗密欧与朱丽叶生于世仇家庭，不可能结合原是命中注定。一般恋人遭遇这样的家庭拦阻，要么抱怨以终，要么遗憾度日，全是向命运屈服。莎翁笔下创造的这对金童玉女，却勇敢地向命运挑战，以自家性命当利剑，狠狠向命运之神刺去，这种挑战，可谓置之死地而后生——生命死去，爱情因而永生。"幸运"一词，容易遭到误解。幸运是你努力了九十九分之后，来敲你门的那最后一分。幸运儿的降临和你的努力是分不开的。

与其默默忍受命运暴虐的毒箭，不如挺身反抗人世无涯的苦难，通过挑战的勇气，创造幸运的人生。幸运如何创造？努力把自己的事做得更好，就是一种创造！厨师若把菜做得更美味可口，裁缝若把衣服做得更美观耐穿，建筑师盖出更舒适的房屋，司机若开车更安全，作家努力写出更好的文章，都会为自己带来幸运，同时也为他人带来幸福。

诚如约翰·厄普代克所说："真正的冒险者相信，追求做得更正确、更好，任何活动都变成创造活动。"这种追求，使我们在生活中敢与恶魔缠斗，也使我们在性灵上能与天使会面，从而在生命的荆棘丛中，窥见天堂的奥秘。

有一位新闻记者将拖延时间的行为生动地喻为"追赶昨天的艺术"，这里，我们可以在后面再加半句——"逃避今天的法宝"，这就是拖延时间的作用。有些事情的确是你想做的，绝非别人要你做，然而，尽管你想做，却总是一拖再拖。你不去做现在可以做的事情，却下决心要在将来某个时候去做。这样，你便可以避免马上采取行动，同时安慰自己说，你并没有真正放弃决心要做的事情。这种巧妙的思维过程大致如下："我知道自己必须做这件事，可我自己真的做不好，或者不愿做，所以准备以后再做，这样我也不必说今后不做此事，因而可以心安理得。"每当你必须完成一项艰苦工作时，你都可以求助于这种站不住脚，却看似实用的逻辑。

　　如果你一方面坚持自己的生活方式，另一方面又说你将作出改变，你的这种声明没有任何意义。你只不过是个缺乏毅力的人，最后将一事无成。

　　拖延时间的行为也有轻重程度之分。你可以将事情拖延到一定时候，然后赶在最后期限之前完成。这是一种常见的自欺欺人的行为。

　　有这样一个人，他称得上是拖延时间的能手。他总是在讲自己制订了多少多少计划，要做多少多少工作。任何听他讲话的人只要想象一下他所描述的紧张生活节奏，都会惊得目瞪口呆。然而，只要稍作了解就不难发现，这个人并没有做多少实际工作。他总是思索着各种各样的计划，却从未着手做任何一件具体的事情。他每天晚上入睡前都会自我安慰一番，暗自保证第二天一定要完成一项工作。不然的话，他又怎能安然入睡呢？

　　行动更能看出一个人的本质，唯有拼搏，才能赢得最后的胜利。

第十章　从寓言看人生

一、老虎和狐狸

从林里，有一只老虎上了年纪，腿脚不如从前灵活，力气也没有原来那样大。它外出捕捉小动物，常常空手而归。老虎因此饱一顿饥一顿，不如原来那样威风。

这一天，它清晨出去，傍晚归来，又是两手空空，显得非常沮丧。它坐在洞前，望着暮色苍茫的天际，苦苦地思索着。

"看来，我确实老了，不能再凭力气获得食物了，我应该凭智谋行事才行……"

从第二天起，老虎就在洞里再也没有出来，它躺在地上装病。

这一消息一时间传遍了整个森林。

小兔子听说老虎病了，便来看望老虎。

老虎在洞里说："小兔子，请进来吧。"

小兔子进了洞，蹲在老虎的眼前。

老虎闭着眼睛，呻吟不止："我老了，病了，恐怕活不了多久，咱们握握手吧。"

小兔子心软，看到老虎这个样子，就把自己的手伸给了老虎。

老虎猛地抓住小兔子的手，突然睁开了眼睛，恶狠狠地大声说："小兔子，我今天还没有吃饭呢，先把你吃掉吧！"

就这样，小兔子被老虎吃掉了。山洞里只留下小兔子的碎骨。

一天又一天过去了。

洞里，小动物的碎骨一天比一天多了起来。

185

又是一天，狐狸来了！

狐狸只是远远地站在山洞外，热情地问候着老虎的状况："大王，听说您病了，我特地过来看望您，这几天好些了吗？"

"不好，很不好啊！"老虎在山洞里面呻吟着说，"你怎么不进来呢，快进来吧！"

狐狸诡秘地笑了，它说："如果不是我发现进去的足迹多，而出来的一个也没有，我也会进去的。"

社会是纷繁复杂的，我们一定要保持清醒的头脑，辨别真伪，透过现象看本质，这样才会识破诡计，保护自己。

二、狮子斗公牛

在辽阔的大草原上，生活着红牛、黑牛、黄牛三兄弟，它们经常在一起嬉戏、休息、觅食。

有一天，草原上来了一只狮子。狮子看到了三头牛，想把它们吃掉，就向它们猛冲过去。三头公牛也发现了狮子，它们马上头朝外，围成一个圈子。狮子看到它们一个个瞪大眼睛，恶狠狠地盯着自己，就不敢再靠近，最后，只好灰溜溜地走了。

三头公牛松了口气，都说："咱们三兄弟只要团结，再凶的狮子也不怕！"

狮子没吃到牛肉，当然很不甘心，但是又斗不过公牛三兄弟，于是狮子想了一个办法，决定智取。

这一天，三兄弟分散在草原上吃草，狮子趁机跑到黑牛的身边。黑牛一见，吓了一跳，马上摆出了准备战斗的架势。

狮子连忙解释说："我不是来吃你的，你的力气这么大，我怎么敢吃你呢？不过，我想问你，你们三兄弟中，哪一个力气最大呢？"黑牛想了想，说："我看是我吧！"

"这就奇怪了，"狮子说，"刚才我听红牛说，它的力气最大，那天要不是它挑了我一下，你们肯定会被我吃了！"

"瞎扯，要不是我在，它才会被吃掉呢！"黑牛气得直喘粗气，它决心不再理红牛。

狮子见黑牛上了当，又跑到红牛那儿，说："红牛兄弟，我知道你的力气最大。那天，要不是你把我赶跑，我早就把黄牛、黑牛吃了。"

"我们是三兄弟嘛，我当然得保护它们了。"红牛嘴上这么说，心里却很得意。

"可我听黑牛说，它的力气才是最大的。你看，它正不服气地看着你呢！"

红牛扭头一看，黑牛果然正盯着自己呢。它心想：这家伙，真是忘恩负义。要不是我救了它，它早就被吃了。红牛决定以后再也不理黑牛了。

狮子又跑到黄牛那儿说："黄牛兄弟，红牛、黑牛它们都说你是胆小鬼。它们说那天我冲过来时，你吓得直发抖。其实，我觉得你才是最勇敢的呢！"

黄牛愤愤地说："这两个小子，自己胆小，还说别人，太不像话了。我要找它们算账。"黄牛性子急，说着就冲向红牛。

黄牛冲到红牛面前，一句话也不说，一头把红牛撞了个跟头。红牛气极了，爬起来和黄牛打了起来。

黑牛看见，也冲了过来。就这样，三头牛打成了一团。最后，三头牛都遍体鳞伤、伏在地上直喘气。

躲在一边的狮子见机会到了，就冲上去，轻而易举地把公牛三兄弟全咬死了。

分不清敌人和盟友，却互相争强斗狠，逞一时之能，图一时之快，注定是要失败的。这则寓言又一次证明了一个道理：很多时候，打败我们的人其实就是我们自己。

三、战马的遭遇

187

从前，有一匹上等战马，由军中最出色的勇士骑乘。勇士跃马扬刀，立下赫赫战功。每次打了胜仗，勇士都会用脸颊贴着马头，双手亲昵地抱着马脖子，深情地说："伙计，多亏了你，我才有今天，我们永远是朋友！"

有一次对敌作战，勇士孤身一人杀入重围，不幸身负重伤，俯在马背上昏了过去。战马一声长嘶将敌军的战马吓得连连后退，战马乘敌人惊慌之际突出重围，敌军在身后紧追不舍。战马奔到断崖边，然而崖下是一条湍急的大河，滚滚东去。

战马毫不犹豫，飞身跳下。勇士落入水中。战马用嘴咬住勇士的衣服，游向对岸。敌军催马赶到崖边，眼睁睁地看着战马将主人救走，没人敢跳下去追赶。

战马将主人带到对岸，放在草地上。过了许久，勇士苏醒过来，发现马低头在他的脸上嗅着，他摸摸自己水淋淋的衣服，又望了一眼依然奔腾不息的急流，激动得抱着马头放声大哭，说："我的朋友，是你救了我的命，我们一定生生死死在一起！"

可惜，后来发生的事情使勇士彻底丧失了兑现承诺的能力。战争结束了，勇士当了农民，战马留在军营。从此，战马不再驰骋疆场，失去了再展雄风的舞台。

一年一年过去，战马变成了老马，被军营卖给磨坊，每天在磨坊拉磨。战马一天天地在原地转圈子，觉得枯燥、乏味。它常回想战场上的风光、冲锋陷阵的英勇、与主人患难与共的甜蜜。每每回忆这些往事，它就停下脚步沉浸于那美好时光的遐想中……

磨坊主人看到战马总是无缘无故地停下来，以为它是太老了，需要休息，后来却发现战马的双颊竟流下了泪珠。

磨坊主人说："我的老伙计，你有什么伤心事么？说出来会痛快些。要知道我也老了，我们为什么不能谈谈呢？"

战马说："我曾经是匹战马，在战场上曾与我的主人一道打过许多胜仗，敌人见到我英俊的影子就亡命逃窜，我救过主人的性命。现在，我老了却整天在这里拉磨。你说我能不感到悲伤吗！"

磨坊主人叹口气说："我也曾有过辉煌的过去，现在的境遇和你也差不多呀。不要怀念过去了，命运捉摸不定，谁也无法把握，接受现实，勇敢地活下去吧。"

命运捉摸不定，谁也无法把握，纵使有过辉煌的过去。那也毕竟成为过去了，我们所能把握的只有现在。接受现实，勇敢快乐地活下去吧！

四、鹭鸶治病

有只老狼在吃一只得了病，瘦得皮包骨头，就要死去的兔子时，吃得太猛，加上那只兔子太瘦，一根不大不小的骨头牢牢地卡在了它的喉咙里。为了使卡住的骨头能出来，老狼又是咳嗽，又是抠，可是越弄越痛，卡得越紧。它疼得浑身发抖，发出"嗷嗷"的怪叫。

老狼赶紧去找人为它取出喉咙里的骨头。但由于它平素总是欺小凌弱，大家都不愿意帮助它。

老狼正在走投无路之时，恰好遇到鹭鸶。它忙装出一副笑脸，恳切地哀求说："好心的鹭鸶，人们都说你是天下最善良的人，随时准备为别人解除痛苦。现在请你帮帮我，将卡在我喉咙里的那根骨头弄出来吧！"

鹭鸶了解老狼的本性，想了想转身要走。老狼忙将它拦住，一边哭一边哀求说："鹭鸶小姐，你一定要帮助我啊，我家有50枚金币，只要你帮助了我，我全部送给你！"

鹭鸶让老狼张开嘴，朝里面看了看，心中暗想："拔掉那根骨头非常简单，帮帮它不过是举手之劳，更何况还有50枚金币的酬劳。"于是便答应了。

鹭鸶让狼将嘴巴张得大大的，它将自己长长的嘴伸进老狼的喉咙，只稍稍一用力，那根骨头便被取了出来。

鹭鸶将拔出的骨头丢在一旁，静静地等着老狼去为它取作为酬劳的50枚金币。

老狼清清自己的喉咙，一点儿也不痛了，便看都没看鹭鸶一眼，转身就要走。

鹭鸶一看老狼要走，便喊住它，十分温和地对老狼说："你要求的事我已经做好了，狼先生，那50枚金币请给我吧！"

老狼皱起眉头，满脸不高兴，要赖说："什么50枚金币，我根本没有说过！"

鹭鸶一看老狼如此不守信用，急忙说："你怎么说话不算数呢？看以后谁还能再帮助你。"

老狼恶狠狠地说："你能将脑袋从我嘴里拿出去，已经够便宜你了，还敢要什么金币！"

任何时候都不要听信敌人的承诺。不要对敌人抱有任何幻想。

五、杜鹃鸟和蝉

在一个茂密的林子里，蝉和杜鹃鸟是邻居，也是好朋友。

蝉希望老天爷天天都艳阳高照，到处阳光灿烂，热烘烘的，在这样的日子里，它们可以尽情地歌唱。

杜鹃鸟却希望每天都下雨，好让自己随时可以喝到清凉的露珠。

为此，蝉和杜鹃鸟经常吵嘴，有一天，蝉和杜鹃鸟又争吵起来了。

蝉说："我觉得晴天好！在晴天我才能尽情歌唱。我喜欢晴天！"

杜鹃鸟说："我觉得下雨天最棒！因为那样我随时可以喝到清凉的露珠。我喜欢下雨的日子！"

你一句，我一句，调子一个比一个高，声音一个比一个亮，它们争得面红耳赤，不分高低。谁是谁非，它们无法自己评判。

蝉和杜鹃鸟一同去画眉鸟那里，请求画眉鸟为它们评评理。画眉鸟说："我每天都很忙，一边要和大家唱歌，一边还要找小虫哺养小鸟，你们最好找其他人给你们评理吧！"

蝉和杜鹃鸟又一起去河边找翠鸟给它们评评理。翠鸟说："我一天到晚，忙着捕鱼抓虾，实在没有时间和精力帮你们考虑这个问题，你们还是去别处看看吧！"

最后，它们一起来到了猫头鹰那里，请求猫头鹰博士帮它们评判是非。猫头鹰说："你们想一想吧，如果天天都是大晴天，那么，地上的万物不是早就给太阳晒得枯死了吗？蝉还能在树林里放声高歌吗？如果天天都是雨天，那么，天下万物不就给大水淹没了吗？杜鹃鸟还有机会吸食什么露珠呢？"

蝉和杜鹃鸟听后，觉得猫头鹰博士的话很有道理。它们再也不争辩了，惭愧地

飞回了林子里。从此之后，它们更加友好地相处，蝉依旧喜欢在炎热的季节里在高高的椿树上，自由快乐地唱歌；杜鹃鸟依旧喜欢在清爽的雨后尽情吸食那绿叶上颗颗闪亮、清甜可口的露珠，沐浴在大自然的甜润之中。

做事情不能只想着满足自己的要求，要从整体需求着想。当自己的要求与整体的利益矛盾时，个人利益要服从整体利益，只有这样，个人利益才能更好地得到保证。如果每个人都只顾自己，最终受到损失的还是你自己。

六、蚂蚁和蜗牛

有一棵干枯的松树上住着一只蜗牛，这只蜗牛从来没有离开过这棵树。

一天，风和日丽，蜗牛小心翼翼地伸出头来看了看，慢吞吞地爬到地上来，把一节身子从硬壳里伸到外面懒洋洋地晒太阳。

这时，蚂蚁正在紧张地劳动，一队接着一队急速地从蜗牛身边走过。看见蚂蚁在阳光下愉快劳动的样子，蜗牛不觉有些羡慕起来，于是，它放开嗓门对蚂蚁说："喂，蚂蚁大哥！看见你们这样，我真羡慕你们啊！"

一只蚂蚁听到了，在蜗牛身旁停下来，仰着头对蜗牛说："来，朋友，咱们一起干活儿吧！"

蜗牛听了，不由自主地把头往回缩了一下，有点惊惶地说："不。你们要到很远的地方去，我不能跟你们一起走。"

蚂蚁奇怪地问："为什么啊？走不动吗？"

蜗牛犹豫了半天，吞吞吐吐地说："离家远了，要是天热了怎么办呢？要是下雨了怎么办啊？"

蚂蚁听了，没好气地说："要是这样，那你就躲到你的那个硬壳里好好睡觉吧！"说完，匆匆追赶自己的大部队去了。

对蚂蚁的话，蜗牛倒也不怎么在乎。不过，蜗牛实在想到远处看看。经过一番考虑之后，蜗牛终于大着胆子把自己的另一节身子也从硬壳里伸了出来。正在这时，

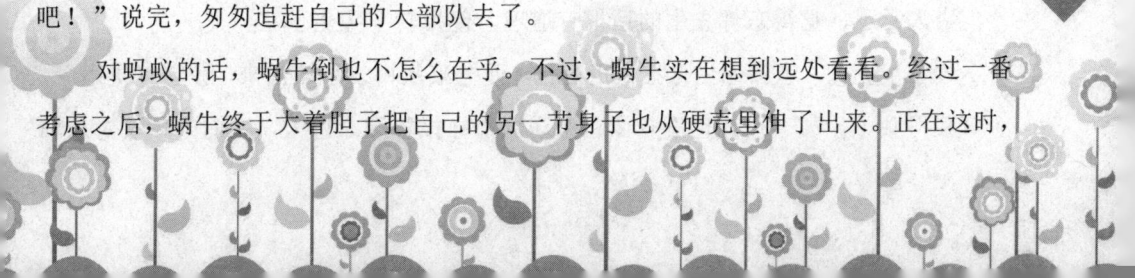

几根松针落在地上，发出轻微的响声。蜗牛吓得像遭遇了雷击一样，一下子把整个身子缩回硬壳里去了。

过了好久，蜗牛才小心翼翼地把头伸到外面看看，外面仍然像先前一样的晴朗和宁静，并没有发生什么事情。只是蚂蚁已经走得很远了，看不见了。

蜗牛悠悠叹了一口气说："唉！我真羡慕你们啊！可惜我追赶不上你们了。"说完，依旧懒洋洋地晒太阳。

我们要敢想，还要敢做。要想实现理想，必须依靠行动，脚踏实地，持之以恒，不怕困难，勇往直前。

七、东郭先生和狼

春秋时期，有个东郭先生。

一天早晨，他赶着瘸驴驮着图书在路上走。突然有一只狼跑到他面前，伸长脖子可怜地望着他，哀求他说："先生，现在猎人正在追赶我，我眼看就没命了。如果您肯把我藏到口袋里，救我一命，您的恩德就好像让死者复生，使白骨生肉了，我一定会报答您。"

于是善良的东郭先生就把狼小心翼翼地放在一个袋子里，然后把口袋放到驴背上，牵着驴继续赶路。

不一会儿，猎人追上来了，他看见狼突然失踪就有些怀疑，愤怒地拔出剑来砍断车辕一头，对着东郭先生骂道："谁隐瞒狼逃跑的方向，就让他和这车辕一样。"

东郭先生急忙说："我早晨起来迷了路，怎么会知道狼的踪迹呢？狼的本性贪婪狠毒，作恶多端，您除掉它是大快人心的事呀。我如果知道怎么会隐瞒呢？再说大路岔道很多，谁知道狼从哪条路逃走了。"

猎人听了，觉得东郭先生的话很有道理，便掉转车头走了。

过了一会儿，东郭先生见猎人走远了，便把狼从口袋里放出来，让它赶快逃命。

狼得救了，却一点儿也没有像它承诺的那样报答救命恩人，反而咆哮着对东郭先生说："现在我饿极了，如果吃不到东西饿死，那还不如死在猎人手里呢！既然你救了我，那就救到底，把你的身躯献给我填饱肚子吧！"狼说着便扑向东郭先生。

东郭先生和狼一边搏斗一边骂道："你这个忘恩负义的东西，我救了你一命，你不报答我就算了，竟然还恩将仇报！"东郭先生累得满头大汗，就快支撑不住了。

这时有个砍柴的老人经过，他看到这种情形，立即劝住了狼，问狼："你为什么要吃东郭先生？"

狼狡辩说："是他想把我装到口袋里闷死。"

老人又问东郭先生："你为什么要把狼装进口袋里？这就是你的不对了。"

东郭先生便把刚才事情的经过对老人讲了一遍，老人这才明白了一切，对狼说："我不信，这么小的口袋怎么会装下你这么大的狼？"

狼为了证明自己有理，便钻进口袋让老人看。

老人连忙用绳子把口袋系住，然后拿起手中砍柴的斧头将狼砍死，对东郭先生说："对害人的禽兽决不能心慈手软。"

狼是永远也改不掉吃人的本性的。对待像狼一样的坏人，我们绝对不能心慈手软。人生在世，应该分清是非，爱憎分明，这样既可以保护自己，也能为自己赢得更多的朋友。

八、小树和大树

在美丽的大森林里，有高耸入云、粗壮结实的大树，也有小树，它们细细、嫩嫩的，翠绿色的枝叶招人喜爱。

小树都是夹在别的树木之间生长的，因此，有一棵小树很不高兴。它今天恨那高大的树，说它们遮住了阳光，使得自己整天待在黑暗里；明天又怪那些粗壮的树，说它们把风给挡住了，使得自己呼吸不到新鲜的空气；它还恨那些结满了果实的树，说它们抢走了原本属于自己的营养，它把树类同伴们恨完了之后开始恨地上的草丛，说它们盖住了土壤。

总而言之，小树有满腹的牢骚。

一天，森林里来了一个伐木工人，小树心想：这下那些大树可要倒霉了。于是它拦住了伐木工人，向他哭诉道："好心的人，救救我吧。"

伐木工人看到一棵可爱的小树悲伤地哭泣，连忙问道："发生了什么事情，小树？"

"您瞧我，又弱又小，整天看不见阳光，吹不到清风，我真太可怜了！还有，我的根在地底下伸展不开，我的手臂在天空中舒展不开，我……"它号啕大哭起来。

好心的伐木工人问小树："我能为你做点什么呢？可怜的小家伙。"

小树一听，指着那些大树叫起来："砍掉它们！把周围一切全砍光！就是它们阻止我长大。砍掉它们，我才会很快地长大，长得高高壮壮的。明年的今天，我会长成大树，我的绿荫会代替这片树林的。"伐木工人按照小树的话去做了，没多久，周围的树木全被砍掉了，只剩下那棵小树。

小树心里别提多高兴了。

然而，在所有的大树都不见了之后，太阳出来了，小树没有大树的遮盖，被晒得浑身焦枯；雨雪打来了，小树没有大树的阻拦，树枝被折断了；狂风肆虐的时候，小树终于被吹倒在地上，死了。

一个人的生存、发展，离不开周围的环境，当我们还不够优秀时，不要埋怨环境，而要多从自己身上找原因。自私自利、失去朋友的帮助和保护的人，难以生存。

九、蜈蚣与蚯蚓

有一只大蜈蚣饿极了，想出来找点儿东西吃。它寻觅了很久，爬到一个洞穴旁边。看见洞穴周围有一堆堆的粪便，知道这是蚯蚓的洞穴。蜈蚣高兴极了，于是它趴在洞穴口，一动不动地等蚯蚓出洞。

蚯蚓躲在深深的洞穴里休息，突然闻到一股异味，它知道是蜈蚣来了。开始时，

它很害怕，屏住呼吸躲在洞里不敢出来。后来，它伸出尖尖的小脑袋向洞口窥视了一下，于是心生一计：它趁蜈蚣不防备，突然伸出头来咬掉蜈蚣的一条腿。

蜈蚣疼痛难忍，暴跳如雷，想立刻钻进洞去把蚯蚓吃掉，可洞穴很小，没法钻进去，它想："我的腿多得很，咬掉一条没关系。可是小小的蚯蚓竟然胆大包天，我一定要吃掉它，以泄我心头之恨。"然后它又趴在洞口等候。

过了一会儿，蜈蚣见蚯蚓还没出来，等得有点儿不耐烦了，失去了警惕，蚯蚓又突然伸出头来咬掉它的一条腿。蜈蚣疼得直打滚，更想吃掉蚯蚓报失腿之仇。它不甘心离去，仍然趴在洞口等候。

蚯蚓仍然采用先前的战术，一会儿咬掉蜈蚣一条腿，一会儿又咬掉蜈蚣一条腿，屡试不爽。不到两个时辰，蜈蚣的腿全部被咬光了。

这下蜈蚣再也没有原来那么凶了，它想离开这里，可是没有腿，怎么也动不了。

蚯蚓看见蜈蚣再也不能动了，于是大摇大摆地爬出洞口，撕开蜈蚣的肚皮，吸干了腹内的汁液，饱餐一顿蜈蚣肉。

不要以为失去了一点点优势无关紧要，一点点地丧失，到最后就将所有的优势都丢了，自己也只能任人宰割了。

十、猴子种麦

有一只猴子，看到农民每年都在地里种上大片大片的麦子，秋天可以收到好多好多的粮食，心想："我为什么不照他们的样子也种点儿麦子呢，那样，我冬天就可以舒舒服服地坐在家里有饭吃了，不必再到处去寻找食物了。"

于是猴子来到农民的田边，看他们怎么平整土地，撒种，浇水，施肥，觉得一切工序自己都熟悉了之后，猴子在家附近选了一块地方，用木棍把地掘了一遍，再把大块的土块打碎，然后，它学着农民的样子在地里撒上了麦种。

过了些日子，地里果真长出了一片绿油油的麦苗来，猴子高兴极了，其他的猴子见了，异口同声地夸奖道："你太了不起了！居然能种出这么好的麦苗来！真佩

服你！"

猴子更得意了，它不再去看农民们是怎么养护麦子的，只等着麦子成熟了好收割。

有一天，猴子闲着没事，就到一个大苗圃里去散步，远远地，它看到农艺师正在给一片冬青树剪枝，一会儿的工夫，一片冬青树就被够剪得整整齐齐。

老猴子看到眼里，记在心上，它回到家里，一鼓作气将麦苗全部修剪了一遍，自己站在地头，一边看，一边点头："整齐多了，果然不错！高明！高明！"

猴子又找来其他的猴子，炫耀自己的本事，众猴子又把它夸奖了一番。

麦子越长越高，已经抽出穗来了，猴子到地里一看，怎么又长得参差不齐了呢？再修剪一次吧！

猴子又拿起了大剪刀，把即将成熟的麦子修剪了一遍，这一次，却把好端端的麦穗全剪掉了。

农民们收麦子了，沉甸甸的麦穗显示出一个丰收的年成，而猴子的麦田里只剩下了麦秆。

学习他人经验是好的，但是不能照搬，还要与自己的实际情况相结合，看看这些方法是否适合自己。否则的话，只会像故事里的猴子一样，一无所获。

十一、一个找到真金的人

自从传言有人在萨文河畔散步时无意发现金子后，这里便常有来自四面八方的淘金者。他们都想成为富翁，于是寻遍了整个河床，还在河床上挖出很多大坑，希望能找到更多的金子。的确，有一些人找到了，但另外一些人因为一无所得只好扫兴归去。

也有不甘心落空的，便驻扎在这里，继续寻找。彼得·弗雷特就是其中的一员。他在河床附近买了一块没人要的土地，一个人默默地工作。他为了找金子，已把所有的钱都押在这块土地上。他埋头苦干了几个月，直到土地全变成坑坑洼洼，他失

望了——他翻遍了整块土地，连一丁点儿金子都没看见。

六个月以后，他连买面包的钱都快没有了。于是他准备离开这儿到别处去谋生。

就在他即将离去的前一个晚上，天下起了倾盆大雨，并且一下就是三天三夜。雨终于停了，彼得走出小木屋，发现眼前的土地看上去好像和以前不一样：坑坑洼洼已被大水冲刷平整，松软的土地上长出一层绿茸茸的小草。

"这里没找到金子，"彼得忽有所悟地说，"但这土地很肥沃，我可以用来种花，并且拿到镇上去卖给那些富人。他们一定会买些花装扮他们华丽的客厅。如果真这样的话，那么我一定会赚许多钱，有朝一日我也会成为富人……"

彼得仿佛看到了将来，美美地撇了一下嘴说："对，不走了，我就种花！"

于是，他留了下来。彼得花了不少精力培育花苗，不久田地里长满了美丽娇艳的各色鲜花。

他拿到镇上去卖，那些富人一个劲儿地称赞："噢，多美的花，我们从没见过这么美丽鲜艳的花！"他们很乐意付少量的钱来买彼得的花，以便将他们的家装饰得更美丽。

五年后，彼得终于实现了他的梦想——成为一个富翁。

"我是唯一的一个找到真金的人！"他时常骄傲地告诉别人，"别人在这儿找到黄金之后便远远地离开，而我的'金子'在这块土地里，只能诚实的人用勤劳去采集。"

任何一项成就的取得，都是与勤奋分不开的。勤奋是通往成功的必由之路，打开幸运之门的钥匙。

十二、想想自己的出路

从前，有一个名叫汤姆的小男孩儿沿着一条曲折的道路去寻找他的未来。茫茫征途炎炎烈日，在一个荒野的十字路口他看见了一棵枝繁叶茂的老树。

他想："我要在那里小憩一会儿想想我的出路，虽然我的前程好坏未卜，但它

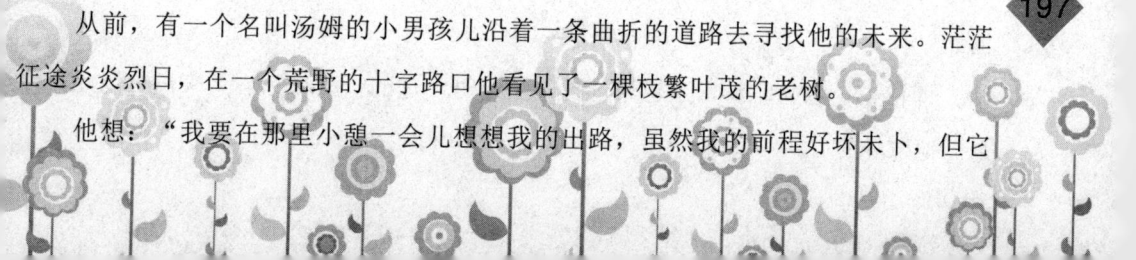

肯定就在我的前面。"

想到这，男孩儿欢欣地朝树走去，可是直到近前他才发现树荫已被一位酣睡的老人占据了。汤姆是个有教养的孩子，他静悄悄地坐在一旁等候着老人醒来分给他一片阴凉。

老人终于睁开了双眼并用和善的眼神示意他靠近树荫，虽然这时已是夕阳西下，夜色低沉，但汤姆没有抱怨，因为他知道自己的出路就在前方，而老人的出路已落在身后。

"我在寻找我的出路，老人家。"汤姆说，"您能告诉我我前面哪条路是最好的吗？"

老人上下打量他一番，然后又由近及远地望了望伸向远方的道路，最后摇摇头对汤姆说："我的眼力不行了，我曾经能看见散步的风呢。"

"那么，老爷爷。"汤姆继续说，"也许您能听见美妙的世界位于哪条路上吧？"

老人把头侧向一边听了听，然后又侧向另一边听了听，最后摇摇头说："我的听觉也很差了，我曾经听得见私语的草呢。"

汤姆坐下来，想了好一会儿。"老人家，"他又说道，"您知道一个我能去的地方吗？一个能找到我的出路的地方？"

"我认为时游是最好的地方。"说着，老人站起身来，伸了伸懒腰，消失在树的背影里。汤姆是个有教养的孩子，他没有尾随其后纠缠不休，而是在树枝下安顿了一宿。当一轮红日从东方的天空中冉冉升起时，汤姆像听到了一声远方的呼唤随即站起身来。他在十字路口上选择了一条他希望能通往时游的道路。

汤姆跋涉了很多日子，经历了许多事情。他上山挖金，下海掏珠，爬山钻洞，风餐露宿，日夜兼程。他阅历大千世界，尝尽人间甘苦，但他仍然执着地寻觅着时游。

然而，他终于把时游撇在脑后。他在自家的房子周围种起了粮食，种出了一个世界。

即使当他想起时游，那也不过像是童年时读过的一段神话，从来没有因此而搅乱过他宁静的心。

只是有那么一天，当孙子们和年迈的他一起坐在壁炉前问起那广阔而又神奇的世界时，老汤姆这才提起他那一段不平凡的生活。

"是的，"他说，"年轻时我周游过世界，为着寻找某件东西，寻找什么现在已记不起了。一些东西找到了，还有一些没有找着。可重要的是我年轻时游历过一番。"

人生之路就在前方，只要你一步步走下去，不虚度每一天，就等于拥有了成功的人生。

十三、一把 10 美分的铁锤

夏天，奥尔·康迪伊身无分文在伍尔沃思家的店里闲逛。他看见一把小铁锤，那不是一个玩具锤，是他朝思暮想想得到的一把真锤子。他相信有了这把 10 美分的铁锤，他一定能把自己手头的黄杨木和钉子做出东西来。

他不顾一切拿了锤子，悄悄往工作裤的口袋里塞。

结果，他被当场抓获了。奥尔辩解说："我没打算偷，我需要这把锤子，但没带钱。"

"没有钱并不意味着你有偷东西的权利，是吗？"

"是的，先生。"

"那么，我该怎么办？把你交给警察？"

奥尔闭口不言，但他的确不想见警察。他对此人顿起恨意，但他更明白其他人可能比这人的做法还要粗暴，便强压了火。

"如果我放你走，能保证不再到店里偷东西了吗？"

"我保证，先生。"

奥尔走过三条街后，决定先不回家。他转身又朝伍尔沃思家的店走。他相信他打算回去是想对那个抓他的年轻人说些什么，然而就在这时，他又不敢肯定，他是不是想回去再偷那把欲罢不能的锤子，而这次不会被抓住。

到了商店外面，他反而不紧张了。他站在大街上往商店里看了至少10分钟。突然，他感到一点儿内疚，最后他没有勇气再去做偷盗的事。他又开始往家走，脑子里一片混乱。

到家后，他告诉妈妈今天发生的事情，甚至连他被放了以后还想回去再偷那把铁锤的想法也告诉了妈妈。

"我不愿意看到你偷东西，"母亲说，"这有1角钱，你回去拿回那把锤子。"

"不，"奥尔说，"我不会拿你的钱买不是我的确需要的东西。我只是想应该有把锤子，这样我可以做我觉得喜欢的东西。我有很多钉子，一些黄杨木，但没有铁锤。"

第二天，妈妈早上5点起床的时候，奥尔不在家。母亲回家时已经是晚上9点。她看见儿子用锤子把两块黄杨木钉到一起在做板凳。他已经浇了菜园子，整理了院子，家里院子里都很干净。儿子看上去很认真也很忙。

"你在哪儿弄的锤子，奥尔？"

"在商店。"

"怎样弄到的，偷的？"

奥尔做好了板凳，他坐在板凳上。"不是，"他回答说，"我没偷，我在商店工作换来的。"

"就是昨天你偷东西的那个店？"

"是的。"

"太好了，"妈妈说。"为了这把小锤子你工作了多长时间？"

"一整天。"奥尔说。"我工作了一小时后，克莱墨先生就给了我这把锤子，但是我还想继续干。昨天抓我的那个家伙教我怎样干，工作结束时他把我带到克莱墨先生的办公室，告诉克莱墨先生我干活儿很努力，起码应该得到1块钱。所以，克莱墨先生就给了我1块钱，并告诉我说，商店里每天都需要像我这样的男孩儿，工钱每天1块，克莱墨先生说我可以得到这份工作。"

"太好了，你可以为自己挣点钱了。"妈妈异常兴奋地说。

"但我没要克莱墨先生的钱，"奥尔说，"我告诉他们俩，我不想要这份工作。"

"你为什么这样，每天1块钱对一个11岁的孩子来说是一大笔钱？"

"因为我只想得到这把锤子做我喜欢的东西。"

"我只看了他们一眼，拿起锤子，走出店门，回到家我便做了这个板凳。"

奥尔坐在他自己做成的板凳上，呼吸着芹菜园里的芳香，望着星空，再也没有了昨天的耻辱。

君子爱财，取之有道。对自己喜欢的东西也是一样。对自己不该得到的东西，千万不要怀有非分之想。

十四、一块更好的表

那块挂在床头的表是杰里祖父的，它的正面雕着精致的罗马数字，表壳是用金子做的，沉甸甸的，做工精巧。这真是一块漂亮的表，每当放学回家与祖父坐在一起的时候，他总是盯着它看，心里充满着渴望。

祖父病了，整天躺在床上。他非常喜欢孙子与他在一起，经常询问杰里在学校的状况。那天，当杰里告诉他自己考得很不错时，祖父真是非常兴奋："那么不久你就要到新的学校去了！"

"然后我还要上大学。"杰里说，他仿佛看到了自己面前的路，"将来我要当医生。"

"你肯定会的，我相信。但是你必须学会忍耐，明白吗？你必须付出很多很多的忍耐，还有大量的艰辛劳动，这是走向成功的必经之路。"

"我会的，祖父。"

"好极了，坚持下去。"

杰里把表递给祖父，他紧紧地盯着它看了好一阵，给它上了发条。当他把表递还给杰里的时候，杰里感到了它的分量。

"这表跟了我50年，是我事业成功的印证。"祖父自豪地说。祖父从前是个铁匠，

虽然现在看来很难相信那双虚弱的手曾经握过那把巨大的锤子。

盛夏的一个晚上，当杰里正要离开祖父的时候，他拉住了杰里的手。"谢谢你，小家伙。"他用一种非常疲惫而虚弱的声音说，"你不会忘记我说的话吧？"

一刹那，杰里被深深地感动了。"不会，祖父。"杰里发誓说，"我不会忘的。"

第二天，妈妈告诉杰里，祖父已经离开了人世。

祖父的遗嘱读完了，杰里得知那块表留给了自己，并说在他能够保管它之前，先由他母亲代为保管。杰里的母亲想把它藏起来，但在他的坚持下，她答应把表挂在起居室里，这样杰里就能经常看到它了。

夏天过去了，杰里来到一所新的学校。在他的同学中间，有一位很富有的男孩儿，他经常在那些人面前炫耀他的东西。确实，他的自行车是新的，他的靴子是高档的，他所有的东西都要比别人的好——直到他拿出了自己的那块手表。

正如他自己所说的，那表不但走时极为准确，而且还有精致的外壳，难道这不是最好的表？

"我有一块更好的表。"杰里宣称。

"真的？"

"当然，是我祖父留给我的。"杰里坚持。

"那你拿来给我们看看。"他说。

"现在不在这儿。"

"你肯定没有！"

"我下午就拿来，到时你们会感到惊讶的！"

杰里一直在担心怎样才能说服母亲把那块表给他，但在回家的汽车上，他记起来那天正好是清洁日，他母亲把表放进了抽屉，一等她走出房间，杰里一把抓起表放进了口袋。

他急切地盼着回校。吃完中饭，杰里从车棚推出了自行车。

"你要骑车子？"妈妈问，"我想应该将它修一修了。"

"只是一点儿小毛病，没关系的。"

他骑得飞快，想着将要发生的激动人心的时刻，杰里仿佛看到了他们羡慕的目光。

突然，一只小狗窜入了他的车道，他死命地捏了后闸，然而，在这同时，闸轴断了——这正是杰里想去修的。他赶紧又捏了前闸，车子停了下来，可他也撞到了车把上。

杰里爬了起来，揉了揉被摔的地方。他把颤抖的手慢慢伸进了口袋，拿出了那块祖父引以自豪的物品。可在表壳上已留有一条凹痕，正面的玻璃已经粉碎了，罗马数字也已经被古怪地扭曲了。他把表放回口袋，慢慢骑车到了学校，痛苦而懊丧。

"表在哪儿？"男孩儿们追问。

"我母亲不让我带来。"杰里撒了谎。

"你母亲不让你带来？多新鲜！"那富有的男孩儿嘲笑道。

"多棒的故事啊！"其他人也跟着哄了起来。

当杰里静静地坐在桌边的时候，一种奇怪的感觉袭了上来，这不是因同学的嘲笑而感到的羞愧，也不是因为害怕母亲的发怒，不是的，他所感觉到的是祖父躺在床上，他虚弱的声音在响："要忍耐，忍耐……"

杰里几乎要哭了，他觉得非常伤心。

如果你不想露脸的话，也给自己避免了许多当众出丑的机会。而现实生活中的许多人仅仅为了面子而甘愿忍受莫大的痛苦！

十五、属于你的一切

那是个隆冬的下午，我独自一人向汽车站走去。早在一小时前，我所有的伙伴都放学回去了，但我却因为西班牙语课迟到，不得不在别人走后留下。"这太不公平了。"我愤愤地自语，对惩罚我的老师充满了怨恨。还有，上次数学测验不及格，同样也不是我的过错。我觉得：这世界恨我，我反过来也恨这个世界。

离车站还很远，我沿着人行道疲惫地走着。"老师有什么权力布置家庭作业？"我憎恶拿在手里的这些课本，这些书我已勉强读了一年了。

到了车站，我把书丢在身边的公共长椅上诅咒起冰冷的天气。不一会儿，又来了位妇女，嘴里哼着一首欢快的乐曲。我苦笑了一下，今天的遭遇全齐了——我又碰到了一位汽车站上的疯女人。

"你在街那头上学吗？"她问我。她嫣然一笑，露出满脸的皱纹。

"嗯。"我不想和她啰唆，只应了一声。出于好奇，我上下打量起她。

她是一位体格健壮的中年妇女，虽说看上去神采奕奕，但穿着破旧，也不合体。手里拎着一只浅蓝色的大塑料袋，很像我小时候背的书包，里面塞满了各种古怪的东西。她注意到我对袋子发生兴趣，便将手伸进去，"这是我从那幢公寓后面拣的。"她说。

她显得很健谈。"你是个可爱的小姑娘。"我往椅子边上挪了挪，有些窘怯。

"谢谢。"我笑着答道，接着便整理我自己的书。

"记得在中学的时候，"她笑着说，"我非常想当护士，我曾经把书拿回家每天晚上苦读，梦想有一天能帮助人们。当然，我一直很清楚，像我这样的黑姑娘成为护士的希望很小，不过你知道，我还是当上了护士。"她满意地看着我，我发现自己也正注视着她。

"后来有一天，妈妈得了重病，我是家里的老大，只好回家照顾妹妹们。过了一个长长的严冬，到了春天，妈妈去世了。"她说着，仍在微笑。

"对不起！"我说，意指她母亲的死。

"不，"她笑得更响了，"妈妈常教我要有信心，我想上帝会照顾她的。不管怎样，我的命还不坏。我有个儿子，想当医生，这不就很好了吗？他是个好孩子，从不伤害别人。他靠助学金上大学，打算当医生。"我们相视而笑。

"他多想让他母亲自豪，可他得了白血病，医生大概能治好他。真是个好孩子，我每时每刻都在为他祝福，我相信奇迹会出现的。"她微笑着，这微笑把我深深地迷住了。

"你真漂亮，又年轻，看见你拿的书，我觉得你像个非常聪明的孩子。"她说什么倒无所谓，只是她对我说话的神情和那灼热的目光，以前我从来没有见到过。

在学校，我成绩平庸，屡次给自己丢脸，老师不满，同学讨厌。生物考试作弊被抓住，大家更是讥笑我，我也试图嘲笑自己，结果却痛哭一场。

而在这儿——辛辛那提市中心的寒冷天里，一个陌生的、我自以为比我不幸得多的人，向我微笑，我感到一阵温暖。

汽车缓缓驶来。"我要上车了。"我嘴上这么说，身子却没动。

"生活多美！"她说着，将手放在我的手上，"我愿你找到属于你的一切。"

我上了车，心里充满了快乐，再不觉得前面的路长，因为还有更远的路等着我。天空飘起雪花，我看得入了神，多美啊！车外，孩子们在沿途的人行道上欢快地嬉戏，伸出舌头，接落下的雪花，他们同样很可爱。我低头看着书包中的书，它们也变得可爱了！我急于要读它们，不是因为学习任务，也不是讨父母欢心，而是心里要读。

读书并不是枯燥的事情，除非你的思想不正确。转变了思想，你也可以把读书当作乐趣。

十六、忠告

我12岁时结上了一个小冤家——有一个女孩儿老爱揭我的短处。随着时间的推移，她对我的攻击面也越来越宽。她说我"骨瘦如柴"，她说我"不是好学生"，她说我"太顽皮"，她说我"说话嗓门太大"，她还说我"太自私"等等。起先我尽量忍耐，但后来却禁不住怒火中烧，我眼泪汪汪地去找爸爸。

爸爸心平气和地倾听着我的发作。接着他问："那么她说的是真话，还是假话？"

怎么会是真话？我真想反问爸爸！她说的还会是真话？

"玛丽，你想过自己究竟是怎么一个人吧？好，现在你既然已得知那姑娘对你的看法，那不妨将她说的一切一一列出，然后再在她说得对的项上做个记号。至于她说的其他话就不必计较了。"

我遵命列表。令我大吃一惊的是：她说的话中竟有一半没错！其中有的我倒是

无力改变的（比如说我"骨瘦如柴"），但她所说的我的许多缺点我却是完全可以克服的——我突然萌生了克服这些缺点的念头！这是我生平第一次对自己有了比较清楚的认识。

我把纸交给爸爸，但他没有接。"那是你自己的事，"他说，"因为你比世界上任何人都更真实地了解你自己。但是你得学会倾听，不要由于生气或难受就不听。如果别人的议论没错，那么你自会心中有数的，你会听到内心深处引起一阵共鸣的！"

以前，我一直认为爸爸是我们威塞斯特城最有学问的人，他是城里的首席法官兼律师，同时还是学校董事会的董事长。不过眼下我却感到难以接受他的观点。我似乎觉得，如果照他那么办，那就太便宜了我那位冤家了！

"不过，她当着众人的面说我闲话绝非好事！"我说。

"玛丽，只有一个办法使人永远不被议论和批评，那就是：什么也不说，或者什么都不干。当然，那不就成了个多余的人。你总不想当那号人，是吧？"

"是的，"我承认道。就是在那时我都是壮志满怀的哩。

我又经历了一次更为痛苦的教训。事情发生在我们即将登台演出的那一星期。我担任这出音乐剧的主角，因而心中充满了渴望和激动。

就在公演前几天，几位朋友准备在邻近的湖畔举行一次野餐会。这是阴冷的一天，妈妈要我待在家中以免感冒。对此我吵个没完，于是在我保证不去游泳后，妈妈便做了让步。

然而，我牢记的只是我那保证的字面上的意思，而并非它的"精神"。看到人家一个个跃入水中，我的心便痒得难受，于是我穿上运动衣，驾上一叶小舟出游了。

最后，在我驾舟回到岸边时，有几个男孩儿恶作剧地猛摇起小船来。小船刚要靠岸就翻了个底朝天！为了避免落水，我纵身一跃上了岸，但脚掌正好踩在一只破瓶上，被割开了一条深深的口子。

我不能出演主角了，候补演员却大获成功。"我还是履行了诺言，没去游泳呀！"

我对爸爸说。

"玛丽，你妈的话你只听进去了一半。她真正要你保证的是'小心别感冒'，不去游泳只是保证不感冒的因素之一，难怪你倒了霉。"

我辩解说："可是所有的朋友都劝我上船去呀！"

"但他们都错了，不是吗？"

世上有许多人会对你发出五花八门的劝告。不必掩上耳朵，什么人的话都可听听，不过重要的是你得善于分析，并且按照你认为正确的去做。

十七、卖水的淘金者

19 世纪中叶，美国加州传来发现金矿的消息。许多人认为这是一个千载难逢的发财机会，于是纷纷奔赴加州。17 岁的小农夫亚默尔也加入了这支庞大的淘金队伍，他同大家一样，历尽千辛万苦，赶到了加州。

淘金梦是美丽的，做这种梦的人很多，而且还有越来越多的人蜂拥而至，一时间加州遍地都是淘金者，而金子自然越来越难淘。

不但金子难淘，而且生活也越来越艰苦。当地气候干燥，水源奇缺，许多不幸的淘金者不但没有圆致富梦，反而葬身此处。

亚默尔经过一段时间的努力，和大多数人一样，没有发现黄金，反而被饥渴折磨得半死。一天，望着水袋中一点点舍不得喝的水，听着周围人对缺水的抱怨，亚默尔忽发奇想：淘金的希望太渺茫了，还不如卖水呢。

于是亚默尔毅然放弃对金矿的努力，将手中挖金矿的工具变成挖水渠的工具，从远方将河水引入水池，用细纱过滤，成为清凉可口的饮用水。然后将水装进桶里，挑到山谷一壶一壶地卖给找金矿的人。

当时有人嘲笑亚默尔，说他胸无大志："千辛万苦来到加州，不挖金子发大财，却干起这种蝇头小利的买卖，这种生意哪儿不能干，何必跑到这里来？"

亚默尔毫不在意，不为所动，继续卖他的水。哪里有这样的好买卖，把几乎无

成本的水卖出去，哪里有这样好的市场！

结果，淘金者都空手而归，亚默尔却在很短的时间靠卖水赚到几千美元，这在当时是一笔非常可观的财富。

致富之道无一定的模式。另辟蹊径，能够从想致富的人身上富起来的人，才是真正懂得什么是致富之道。

十八、雪松

加拿大魁北克省有一条南北走向的山谷。山谷没有什么特别之处，唯一能引人注意的是它的西坡长满松、柏等树，而东坡却只有雪松。

这一奇异景色之谜，许多人不知原因，然而揭开这个谜的，竟是一对夫妇。

1993年冬天，这对夫妇的婚姻正濒于破裂的边缘，为了找回昔日的爱情，他们打算来一次浪漫之旅，如果能找回就继续生活，否则就友好分手。

他们来到山谷时，下起了大雪，于是，他们支起帐篷，望着漫天飞舞的大雪，发现由于特殊的风向，东坡的雪总比西坡的雪大且密。不一会儿，雪松上就落了厚厚的一层雪。不过当雪积到一定程度，雪松那富有弹性的枝丫就会向下弯曲，直到雪从枝上滑落。这样反复地积，反复地弯，反复地落，雪松才能完好无损。

但是其他的树，却因为没有这个本领，所以树枝被压断了。

妻子发现了这一现象，对丈夫说："东坡肯定也长过杂树，只是不会弯曲才被大雪摧毁了。"

少顷，两人突然明白了什么，拥抱在一起。

弯曲，并不是低头或失败，而是为了站起来更有力。弯曲，是一种弹性的生存方式，是一种生活的艺术。

第十一章　感悟人生

一、不发芽的种子

从前有一位贤明而受人爱戴的国王，把国家治理得井井有条，人民安居乐业。国王的年纪逐渐大了，但膝下并无子女，这件事让国王很伤心。他决定，在全国范围内挑选一个孩子收为义子，培养成自己的接班人。

国王选子的标准很独特，给孩子们每人发一些花的种子，宣布如果谁用这些种子培育出最美的花朵，那么谁就成为他的义子。

孩子们领回种子后，开始精心培育，从早到晚，浇水、施肥、松土，谁都希望自己能够成为幸运者。

有个叫雄日的男孩儿，也整天精心地培育花种。但是，10天过去了，半个月过去了，一个月过去了，花盆里的种子却连芽都没冒出来，更别说开花了。

苦恼的雄日去请教母亲，母亲建议他把土换一换，但依然无效，母子俩束手无策。

国王决定的观花日子到了。无数个穿着漂亮衣裳的孩子们涌上街头，他们各自捧着盛开鲜花的花盆，用期盼的目光看着缓缓巡视的国王。国王环视着争奇斗艳的花朵与精神漂亮的孩子们，并没有大家想象中的那样高兴。

忽然，国王看见了端着空花盆的雄日。他无精打采地站在那里，眼角还有泪花，国王把他叫到跟前，问他："你为什么端着空花盆呢？"

雄日抽咽着。他把自己如何精心摆弄，但花种怎么也不发芽的经过说了一遍，还说，他想这是报应，因为他曾在别人的花园中偷过一个苹果吃。没想到国王的

脸上却露出了最开心的笑容，他把雄日抱了起来，高声说："孩子，我找的就是你！"

"为什么是这样？"大家不解地问国王。

国王说："我发下的花种全部是煮过的，根本就不可能发芽开花。"

捧着鲜花的孩子们都低下了头，他们全都另播下了种子。

诚实是做人的根本，不诚实的人不能信任，更不能被委以重任，你永远得努力分辨他是不是在骗你。

二、把杯子放低一些

一个满怀失望的年轻人千里迢迢来到法门寺，对住持释圆说："我一心一意要学丹青，但至今没有找到一个能令我心满意足的老师。"

释圆笑笑问："你走南闯北十几年，真没能找到一个自己的老师吗？"年轻人深深叹了口气说；"许多人都是徒有虚名啊，我见过他们的画，有的画技甚至不如我呢！"释圆听了，淡淡一笑说："老僧虽然不懂丹青，但也颇爱收集一些名家精品。既然施主的画技不比那些名家逊色，就烦请施主为老僧留下一幅墨宝吧。"说着，便吩咐一个小和尚拿了笔墨砚和一沓宣纸。

释圆说："老僧的最大嗜好，就是爱品茶，尤其喜爱那些造型流畅的古朴茶具。施主可否为我画一个茶杯和一个茶壶？"年轻人听了说："这还不容易？"于是调了一砚浓墨，铺开宣纸，寥寥数笔，就画出一个倾斜的水壶和一个造型典雅的茶杯。那水壶的壶嘴正徐徐吐出一脉茶水来，注入到那茶杯中去。年轻人问释圆："这幅画您满意吗？"

释圆微微一笑，摇了摇头。

释圆说："你画得确实不错，只是把茶壶和茶杯放错位置了。应该是茶杯在上，茶壶在下呀。"年轻人听了，笑道："大师为何如此糊涂，哪有茶壶往茶杯里注水，而茶杯在上茶壶在下的？"释圆听了，又微微一笑说："原来你懂得这个道理啊！

你渴望自己的杯子里能注入那些丹青高手的香茗，但你总把自己的杯子放得比那些茶壶还要高，香茗怎么能注入你的杯子里呢？涧谷把自己放低，才能得到一脉流水，人只有把自己放低，才能吸纳别人的智慧和经验。"

海纳百川，有容乃大。要想拥有百川的事业和辉煌，首先应拥有容得下百川的心胸和气量。

三、生命的职责

一只少年雄鸡守候在奄奄一息的父亲身旁。

"孩子，我已经不行了，"老雄鸡说，"从今以后，每天早晨呼唤太阳的职责，要由你来承担了。"

少年雄鸡点点头，伤心地注视着慢慢闭上眼睛的父亲。

第二天一早，少年雄鸡飞上谷仓的屋顶。它脸朝东方，高高地挺立着。

"我必须设法发出最大的啼叫声。"它昂起头来，放开喉咙啼叫。但是，它发出来的却是一种缺乏力量的、时断时续的嘎嘎声。

这天太阳没有升起，乌云布满天空，毛毛细雨下个不停。饲养场上的所有动物都气坏了，跑来责问少年雄鸡。

"真是倒霉透了！"猪叫道。

"我们需要阳光！"羊也叫起来。

"雄鸡，你必须啼叫得更响一些！"公牛说，"太阳离我们那么遥远，你的叫声那么细小，它能听得见吗？"

过了一天，少年雄鸡又一早就飞上谷仓的屋顶。它脸朝东方，深深地吸了一口气，接着伸长脖子，放开喉咙大声啼叫。它这次发出的啼鸣声非常洪亮，在雄鸡啼鸣史上是空前的。

"吵死人了！"猪说。

"耳朵都要震破了！"羊叫道。

211

"头都要听炸了！"公牛抱怨说。

"对不起，"少年雄鸡说，"但是我是在尽自己的职责。"

它心里充满了自豪感，它看见了，在那遥远的东方，一轮红日正从丛林后面冉冉升起。

承担起生命的职责来，责任让弱者变强，让强者更强。

四、真实的谎言

有这样一部电影，讲述了发生在二战期间一对父子之间真实的故事。

一个善良憨厚、生性乐观的犹太青年，被抓进了惨无人道的纳粹集中营里。他很爱3岁的儿子，为了不让孩子幼小的心灵蒙上悲剧的阴影，他小心翼翼地哄骗儿子说："太好了，孩子，我们现在来玩一个游戏，一个真刀真枪的游戏。"

儿子兴奋地问："什么游戏啊？"

爸爸回答："谁的生命承受力强，谁就能得分，积分到了1000分，就可以得到一辆真正的坦克。"

儿子跃跃欲试。集中营每天都有犹太人被拉出去处决，每当儿子看到这些，爸爸就故作轻松地说："他们积分不够，被淘汰了，我们领先了，一定要坚持下来。"在漫长的、朝不保夕的煎熬中，父亲陪着儿子玩啊闹啊，好像真的是一场游戏。

终于有一天，父亲意识到战争即将结束，而自己也死到临头了。他算准哨兵换岗的时间，找个空隙把儿子藏在一个垃圾桶里，然后告诫孩子："等一会儿不管看到什么，都不要出声。我们的积分已达到了900分，过了这一关，你就可以拥有一辆真正的坦克了！"

儿子兴高采烈地答应了，父亲被押解着走向死亡，经过垃圾桶时，他对垃圾桶做着俏皮的鬼脸儿……过了好长时间，儿子听到轰隆隆的声音，他掀开垃圾桶盖，看到许多辆坦克开过来，他高兴地又叫又跳："有坦克了！我有坦克了！"盟军的坦克救走了这个孩子，可他的父亲已被杀害了。

电影最后，画外音传来已经长大的儿子的旁白："我是多么幸福的人啊！因为我有一个伟大的父亲。在黑暗的岁月里，是他让我的心灵没有留下阴影，让我觉得人生永远是美丽的。"

这位父亲的伟大爱心足以感动全人类，他用自己的生命为儿子撑起一把保护伞，挡住了邪恶和黑暗，在巨大的悲剧中，他不仅保全了儿子的生命，还给儿子留下了一颗充满阳光的心。

五、母爱的力量

小学三年级的几个调皮鬼把一只又粗又长的蚕宝宝放在她的书包里，然后一起坐在一旁等着看她的好戏。

她在教室外面踢了一会儿毽子，回到教室，刚在椅子上坐下，见到书包里蠢蠢欲动的小虫子，吓得尖叫一声，然后，倒在地上晕了过去。

几个调皮鬼见状也吓得够呛，躲了一天，不敢来上课。他们第二天回到学校，当着全班同学的面一同向她道歉。

此后，大伙只要说一声"有毛毛虫"，她准会吓得脸色煞白，浑身冒汗。

结婚之后，她依然没有驱散毛毛虫在心里烙下的阴影。偶尔洗菜洗出毛毛虫，她都会惊恐地大叫，好几天都摆脱不了那种恐惧。她情不自禁地感叹道："什么时候，毛毛虫才会走出我心里呢？"

女儿的降临，让她感到非常幸福和满足。女儿3岁那年，她抱着女儿去看外婆。路过那片熟悉的树林，女儿指着她胸前问道："妈妈，这是什么呀？"

原来是一条毛毛虫，在她胸前蠕动。她刚想大叫，看到女儿清澈如水的眼睛，本能地缩了回去。她想自己的惊恐不安一定会把女儿吓哭的，她不想吓着女儿。

她轻轻抓起毛毛虫，对女儿说："这是毛毛虫，它并不可怕，是不是？"

女儿乖巧地点点头。她把毛毛虫扔在地上，和女儿说说笑笑走出树林。

在女儿面前，她突然拥有了一种力量，正是这种力量让她轻轻抓起毛毛虫，扔

213

出老远，并且撵走了心里的毛毛虫。

爱可以战胜怯懦，战胜自卑，战胜一切困难。只要拥有爱，付出爱，天地之间没有办不成的事情。

六、一把钥匙

他是个爱家的男人。他纵容她婚后仍保有一份自己喜爱的工作，他纵容她周末约同事回家打通宵的麻将，他纵容她有不下厨的坏习惯……他始终都扮演着一个好男人的典范。

她第一次怀疑他，是从一把钥匙开始。虽然她不是个一百分的好老婆，但总能从他的一举一动了解他的情绪，从一个眼神了解他的心境。

他原有四把钥匙，楼下大门、家里的两扇门以及办公室的门钥匙。不知从何时起他口袋里多了一把钥匙，她曾试探过他，但他支支吾吾闪烁不定的言词，令她更加怀疑这把钥匙的用途。

她开始有意无意地电话追踪，偶尔出现在他的办公室，但他愈来愈沉默，愈来愈不让她懂他心里想什么，常常独自一个人在半夜醒来，坐在阳台上吹一整夜的风……但是唯一没有变的是他对她的温柔和体谅，但她的猜疑始终没有减少。

在不断地追查下，她终于发现那把钥匙的用途，原来是用来开启银行保险箱的。于是她决定追查到底，她悄悄地偷出了那把钥匙，进了银行。

当钥匙一寸一寸地伸进锁孔，她慌张又害怕。首先映入眼帘的是一个珠宝盒，她深深地吸了一口气，缓缓地打开盒盖，然后，甜甜地笑了起来：那是他们两人第一次合照的相片。照片之后是一叠情书，一共 28 封，全是她在热恋时写给他的，这个时候甜蜜是她脸上唯一的表情。

珠宝盒底下是一些有价证券，有价证券底下是份遗嘱，她心想："待会儿出去一定要骂一骂他，才三十出头立什么遗嘱！"虽然如此，她还是很在意那份遗嘱的内容。她翻开封面，上面写着某某别墅和存款的 20% 留给父母，存款的 10% 给大哥，有价证券的30%捐给老人机构，其余所有的动产、不动产都留给她。所有的疑虑都烟消云散，他是爱她的。

正当她收拾好一切准备回家，突然，一个信封从两叠有价证券里掉下来，那已经退去的猜疑又复萌了，她迅速抽出信封里的那张纸，那是一张诊断书，在姓名栏处她看到了丈夫的名字，而诊断栏上是四个比刀还利的字"骨癌中期"。

她回家了，什么也没说，只是收起了从前的坏脾气。

爱可以改变一个人对另一个人的态度，也可以让一个人为另一个人付出所有，包括生命。

七、竹子的笨哲学

大部分人都在学习如何把自己变得比别人更聪明，很少有人去学习如何把自己变"笨"。而今，要与各位分享"笨"对人生的启示，"大智若愚"的境界是什么？

"笨"的上半部是一个竹字，而下半部是一个本字。故而若能将人生修养的根本，巩固在竹子的特质之下，则"笨"哲学在为人处世的贡献上，必能掌握更深刻的契机，使我们层层突破，步步高升。

竹子具备三大特性：

（1）节节高升：提醒我们不论遇到任何状况，均应层层突破，积极学习，坚持到底，永不放弃。如果成就愈高，相对的考验也会愈大。惟有积极突破，才有提升的机会。

（2）中空虚心：谦虚是成功的特质，犹如稻子一般，果实愈丰硕，腰便弯得愈低。反而越是渺小之人，才会表现得高傲且自大。试问，不先虚心又如何向别人学习呢？

（3）生死与共：很多人都不知道竹子会一群一群地聚在一起成长，它们会一起生，也会一起死，真是名副其实的生死与共。

在真正的生活中要找到一个志同道合者实属不易，更何况要去领导一群人，

还要让他们能够团结合作。若非我们以身作则，以团体兴亡为己任，将自己变成每个人都可以需要的，且自己又肯付出，能团结其他人，是无法凝聚共存共荣的团结力的。

竹子的三大特质，可使我们得到充分的启示，在现今的社会形态之下，知道了就要去落实在生活里，确切地做到，因为成功属于实践家，而非思想家。环境的压力不是最大困扰，真正难突破的是习惯的牢笼。找到好环境和良师益友，虚心学习，充实自我，塑造环境，共同成长，那么你将是一个成功者。

八、倾囊相赠

那是一个除却精神，物质极度困乏的年代，我要到学生家去补夜课，一天的劳顿和挺长的路程走得我气喘吁吁，疲惫不堪，特别是饥饿的咕噜声，搜肠刮肚、不能遏止地鸣叫着。要知道，我已经两天粒米未进了。

学生家也是一贫如洗，干巴巴的碗盆说明他们家同样揭不开锅。学生的母亲窘迫地在堂屋踱步，不知道拿什么招待我才好。我说不用了，喝口水就开讲吧。她突然一拍脑门儿说："我真糊涂。"就连忙踩着炕沿儿，钩下一只篮筐。翻了半晌，举出一只拇指粗的小玻璃瓶，再摇摇、敲敲，把里面的一点儿粉末冲进水杯，兴奋地捧给我。

那是一杯甜甜的糖精水。

然而，我只舔了一小口就再也喝不下。几个孩子的眼睛闪着贪婪的目光，嘴里涎着口水看着我，我能坦然地享受那杯糖精水吗？

但那一小口糖精水一直甜到我的心底，凭着它的甜蜜，我走完了另外几处需要补课的学生家。

许多年后，我都对那杯糖精水怀以特殊的感情，因为那点儿学问，堪称我精神上唯一可贡献的最后食粮，那点儿糖精，亦堪称学生家仅剩的食物，我们都倾囊而出，为了答谢对方的恩德。

倾心倾力，让我懂得了怎样换取情深义重。

常言道：千里送鹅毛，礼轻情谊重。同理，打动人心的不一定是万两黄金珍贵厚礼，而是那份真诚的心，真挚的情。

九、鞋匠和财主

有个穷鞋匠从早到晚都在快乐地唱着歌。他有个富邻居很少唱歌，睡眠则更少了。有时天已经蒙蒙亮，他才刚刚睡下，还处于蒙眬入睡时，鞋匠的歌声就已经把他吵醒了。

于是，这个富人就派人把那个唱歌的鞋匠叫到了他的住处，并问他："格雷古瓦先生，你每年挣多少钱？"

那个欢快的鞋匠带着一种嬉笑的口吻回答说："每年挣多少钱？大人，说真话，我是从来不这样计算的，而且我也不把今天的钱省到明天。我只要能挨到年底就行。每天我都能挣到吃的。"

"那你告诉我，每天你挣多少？"

"有时候多一点儿，有时候少一点儿。问题是一年之中总有那么几天我们没事干。人们过节，我们倒霉。"

富人对他说道："我打算今天就让你过得很舒服。你把这100埃居拿去吧，你要好好地放着，以备急用。"

鞋匠带着钱回到了家里。把钱连同他的欢乐一起藏进了地窖之中。他不再唱歌了。从他得到那笔钱时起，他那动听的歌声消失了，睡眠也离他而去了。现在，他家中的常客是担忧、怀疑和虚惊，他感到痛苦不堪。一天到晚，他都在监视。到了夜晚，要是哪只猫发出一丁点儿的声响，那这只猫一定是在偷他的钱。

最后，这位可怜的鞋匠跑到了那位富邻居的家里，对他说道："把我的歌声和我的睡眠还给我吧，把你的这100埃居拿回去。"

问题的关键不在于金钱本身，而在于我们用什么样的态度对待金钱。

217

十、欲望的锁链

有一位禁欲苦行的修道者，准备离开他所住的村庄，到无人居住的山中去隐居修行，他只带了一块布当作衣服，就一个人到山中居住了。

后来他想到当他要洗衣服的时候，他需要另外一块布来替换，于是他就下山到村庄中，向村民们乞讨一块布当作衣服，村民们都知道他是虔诚的修道者，于是毫不犹豫地给了他一块布，当作换洗用的衣服。

当这位修道者回到山中之后，他发觉在他居住的茅屋里面有一只老鼠，常常在他专心打坐的时候来咬他那件准备换洗的衣服，他早就发誓一生遵守不杀生的戒律，因此他不愿意去伤害那只老鼠，但是他又没有办法赶走那只老鼠，所以他回到村庄中，向村民要一只猫来饲养。

得到了一只猫之后，他又想到了——"猫要吃什么呢？我并不想让猫去吃老鼠，但总不能跟我一样只吃一些水果与野菜吧！"于是他又向村民要了一头乳牛，这样那只猫就可以靠牛奶维生。

但是，在山中居住了一段时间以后，他发觉每天都要花很多的时间来照顾那头乳牛，于是他又回到村庄中，他找到了一个可怜的流浪汉，于是就带着这个无家可归的流浪汉到山中居住，帮他照顾乳牛。

那个流浪汉在山中居住了一段时间之后，他跟修道者抱怨说："我跟你不一样，我需要一个太太，我要正常的家庭生活。"

修道者想一想也有道理，他不能强迫别人一定要跟他一样，过着禁欲苦行的生活……

这个故事就这样继续演变下去，你可能也猜到了，到了后来，也许是半年以后，整个村庄都搬到山上去了。

生命之舟载不动太多的物欲和虚荣，在抵达彼岸时要学会轻载。

十一、一根铁钉

国王理查三世和公爵亨利准备拼死一战，这场战斗将决定谁统治英国。

战斗进行的当天早上，理查国王派一个马夫备好自己最喜欢的战马。

"快点儿给它钉掌，"马夫对铁匠说，"国王希望骑着它打头阵。"

"你得等等，"铁匠回答，"我前几天给国王全军的马都钉了掌，现在我得找点儿铁片来。"

"我等不及了。"马夫不耐烦地叫道。

铁匠埋头干活儿，从一根铁条上弄下四个马掌，把它们砸平、整形，固定在马蹄上，然后开始钉钉子。钉了三个掌后，他发现没有钉子来钉第四个掌了。

铁匠准备砸钉子将马掌钉好的，但在马夫的催促下，只好将马掌挂在蹄子下。

两军交锋了，理查国王就在军队的阵中，他冲锋陷阵，指挥士兵迎战敌人。

远远地，他看见在战场另一头自己的几个士兵退却了。如果别人看见他们这样，也会后退的，所以理查国王快速冲向那个缺口，召唤士兵调头战斗。 他还没走到一半，那只挂着的马掌掉了，战马跌翻在地，理查国王也被掀在地上。

理查国王还没有抓住缰绳，惊恐的畜生就跳起来逃走了。理查国王环顾四周，他的士兵纷纷转身撤退，亨利的军队包围了上来。

他在空中挥舞宝剑，"马！"他喊道，"一匹马，我的国家倾覆就因为这一匹马。"

少了一个铁钉，丢了一只马掌。少了一只马掌，丢了一匹战马。少了一匹战马，败了一场战役。败了一场战役，失了一个国家。细小而关键的一些因素，有的时候看起来是毫不起眼的，却往往决定着事情的成功与失败。

十二、放飞手中的气球

他的父亲是纽约颇有名气的股票经纪人，母亲是不起眼的演员，一个与数字为

伍，一个与文艺结缘。他从父母那儿继承了两份不同的天赋：数字和音乐。

他原本可以过上幸福的生活，然而，在4岁那年，父母在吵吵闹闹中终于离了婚。

父母离异之后，他随母亲生活，日子过得很清贫，好在他母亲十分疼爱他，在成长路上，还算一帆风顺。他的母亲迷恋音乐，喜欢在绿茵茵的草地上唱歌，并且擅长多种乐器。在母亲的熏陶下，他也喜欢上了音乐，并在幼时暗下决心：长大后一定要当一名职业音乐人。

8岁那年，他随母亲到纽约市郊外一座森林公园郊游，一路上哼着母亲的歌，欢天喜地。一到目的地，他和往常一样，抓起几个五颜六色的气球在绿地上奔跑，似欢快出笼的小鸟，看到气球，他母亲感慨颇深。儿子数学启蒙的道具正是这色彩斑斓的气球。从认识10个数开始，便与它们结缘。5岁的时候，他的逻辑推理能力开始形成，不借助气球能心算三位数的加减法。不过在心算的同时，他手上仍不停地拨弄气球。每个孩子都有自己最喜欢的玩具，他也不例外。气球就是他最贴心的玩具。

他在公园的林间跑呀跑，他母亲在后面边追边哼着小曲。母子嬉戏了一段时间，都感觉有点儿累，然后，面对面地坐在地上休息。母亲从包里取出一支精致的口琴放在嘴上，左右推移，林间立即回响起悠扬的琴声。

他瞪大眼睛，准备伸手向母亲要口琴，却又舍不得放飞气球。左右为难之际，母亲停了吹奏，朝他不住地发笑。在短短的几秒钟内，他做出选择，松开手，扑向母亲，索要她手中的口琴。气球在风中飘啊飘，倏地掠过树梢，飞向蓝天。

这一天，他学会了吹奏口琴，悠悠琴声响遍树林，这琴声也在他人生路上回响。从此，他懂得了选择。第一次知道该舍弃的应该大胆舍弃，该抓住的要毫不犹豫地抓住。打这以后，他真正地走进音乐，并沉迷其间。

他在乔治·华盛顿中学毕业后，考进著名的纽约米利亚音乐学院，可谓如鱼得水。但是，学业尚未过半，他发现自己在这方面很难有长进，对音乐产生厌倦。与此同时，他对数字和经济发生浓厚兴趣。犹豫不决的时候，他想起了8岁那年在郊外放飞气球的情景，脑子里总浮现那几只飞向蓝天的气球。

冥冥之中，那几只气球给他暗示，也给他力量，他毅然决然地退了学，进入纽约大学商学院学习，开发自己另一份天赋。1948年，他获得经济学学士学位。两年后，他又以最优秀的成绩获得经济学硕士学位，并到哥伦比亚大学深造。在哥伦比亚大学，他遇见人生第一位伟大的良师益友，后来在尼克松政府中出任美国联邦储备委员会主席的亚瑟·博恩斯教授。

由于他家中贫困，无力支付哥伦比亚大学的费用，被迫中途退学。他的学业就这么拖着，这一拖就是近30年。漫长的人生路上，他铭记气球的教训，放弃了其他的东西，一心一意地关注经济，一刻也不放松对自己钟情的经济学的研究。

苍天不负有心人。1977年，51岁高龄的他终于戴上哥伦比亚大学的博士帽。10年后，他被里根总统任命为美国联邦储备委员会主席，成了一位跺跺脚整条华尔街都会地震的重量级人物。 他，就是艾伦·格林斯潘。

我们手中总握着许多"气球"，比如名利、财富、权势、地位、爱情等等，但是，为了达到我们更远大的目标，充分实现我们的人生价值，必须放飞手中的气球，一心一意去追求。人生有涯，精力有限，只有放弃，才能腾出更多时间去创造，从而赢得成功。

十三、生命留痕

唐朝高僧鉴真刚刚剃度遁入空门时，寺里的方丈让他做了谁都不愿意做的行脚僧，四处奔走化缘。

某日，太阳早爬上三竿了，鉴真依旧大睡不起。方丈很奇怪，推开鉴真的房门，看到床边堆了一大堆破破烂烂的鞋，他连忙叫醒鉴真问："你今天不外出化缘，堆这么一堆破鞋做什么？"

鉴真打了个哈欠说："别人一年连一双鞋都穿不破，我刚剃度一年多，就穿烂了这么多的鞋子，我是不是该为寺里节省鞋子了？"

方丈一听马上明白了，俯首笑说："昨天夜里落了一场雨，你随我到寺前的路上走走看看吧。"

寺前是一座土坡，因为刚下过雨，路面泥泞不堪。

方丈拍着鉴真的肩膀说："你是愿意做一天和尚撞一天钟，还是做一个能光大佛法的名僧？"

鉴真低头说："当然想做一个能光大佛法的名僧。"

方丈捻须一笑，接着问："昨天，你是否在这条路上走的？"

鉴真答道："是的。"

方丈问："你能找到自己的脚印吗？"

鉴真十分不解地说："昨天这路又干净又平坦，我岂能找得到自己的脚印呀！"

方丈点了点头，然后笑着问道："今天，我俩在这路上走一遭，你能找到你的脚印吗？"

鉴真说："当然能了。"

方丈听了，微笑着拍拍鉴真的肩说："泥泞的路才能留下脚印，世上芸芸众生莫不如此啊！那些一生碌碌无为的人，不经风不沐雨，没有起也没有伏，就像一双脚踩在又干净又平坦的大路上，脚步抬起，什么也没有留下。而那些经风沐雨的人，他们在苦难中跋涉不停，就像一双脚行走在泥泞里，他们走远了，但脚印印证着他们行走的价值。"

鉴真羞愧地低下了头，从此奋发图强，后来东渡日本，为日本佛教律宗创始人，在传播佛教与盛唐文化上，有很大的历史功绩。

一个人，要想有所作为，关键是要锁定一个高目标，并为之努力奋斗。任何美好事业的追求，不经过艰苦奋斗是不可能实现的。

十四、点燃希望的灯

一老一小两个相依为命的瞎子，每日里靠弹琴卖艺维持生活。一天老瞎子终于支撑不住，病倒了，他自知不久将离开人世，便把小瞎子叫到床头，紧紧拉着小瞎子的手，吃力地说："孩子，我这里有个秘方，这个秘方可以使你重见光明。我把它藏在琴里面了，但你千万记住，你必须在弹断第一千根琴弦的时候才能把它取出来，否则，你是不会看见光明的。"小瞎子流着眼泪答应了师父。老瞎子含笑离去。

一天又一天，一年又一年，小瞎子用心记着师父的遗嘱，不停地弹啊弹，将一根根弹断的琴弦收藏着，铭记在心。当他弹断第一千根琴弦的时候，当年那个弱不禁风的少年小瞎子已到垂暮之年，变成一位饱经沧桑的老者。他按捺不住内心的喜悦，双手颤抖着，慢慢地打开琴盒，取出秘方。

然而，别人告诉他，那是一张白纸，上面什么都没有。泪水滴落在纸上，他笑了。

老瞎子骗小瞎子？

这位过去的小瞎子如今的老瞎子，拿着一张什么都没有的白纸，为什么反倒笑了？

就在拿出"秘方"的那一瞬间，他突然明白了师父的用心，虽然是一张白纸，但却是一个没有写字的秘方，一个难以窃取的秘方。只有他，从小到老弹断一千根琴弦后，才能了悟这无字秘方的真谛。

那秘方是希望之光，是在漫漫无边的黑暗摸索与苦难煎熬中，师父为他点燃的一盏希望的灯。倘若没有它，他或许早就会被黑暗吞没，或许早就已在苦难中倒下。就是因为有这么一盏希望的灯的支撑，他才坚持弹断了一千根琴弦。他渴望见到光明，并坚定不移地相信，黑暗不是永远，只要永不放弃努力，黑暗过去，就会是无限光明。

任何事物都有其增长、发展的极限，当到达极限的时候，就会出现意想不到的结果，这结果是对发展过程的全面突破，其面貌是崭新的，与原有的设想和期盼不同。

223

十五、苦难与不幸

在一个小区的楼群里，住着两位很特别的人，33 号住着一位年轻人，左邻 32

号是个老人。

老人一生相当坎坷，多种不幸都降临到他的头上：年轻时由于战乱几乎失去了所有的亲人，一条腿也在空袭中不幸被炸断；"文革"中，妻子忍受不了无休止的折磨，最终没能和他同舟共济，并跟他划清了界限，离他而去；不久，和他相依为命的儿子又丧生于车祸。

可是在年轻人的印象之中，老人一直矍铄爽朗而又随和。

而那个年轻人却与之相反，常常是愁眉苦脸，什么时候都显得很忧郁。当他听别人讲32号那个老人一生中的经历以后，就想和老人聊聊。于是年轻人便找了个机会到了老人的家里聊起了天，并把他的愁事跟老人说了。老人并没有说什么，只是笑。

年轻人终于忍不住了，便问："您经受了那么多苦难和不幸，可是为什么看不出您有伤怀呢？"老人无言地看了年轻人很久，然后，将一片树叶举到年轻人眼前："你瞧，它像什么？"

"这也许是白杨树叶，而至于像什么……"年轻人答道。

老人拿着手中的树叶对年轻人说："你能说它不像一颗心吗？或者说就是一颗心？"

这是真的，是十分类似心脏的形状。年轻人的心为之轻轻一颤。

"再看看它上面都有些什么？"老人继续说道，一边说着，一边把手中的树叶更近地向年轻人凑凑。年轻人清楚地看到，那上面有许多大小不等的孔洞，就像叶子中间被针扎了很多次似的。

老人收回树叶，放到手掌中，用沉重而舒缓的声音说："它在春风中绽出，在阳光中长大。

"从冰雪消融到寒冷的秋末，它走过了自己的一生。这期间，它经受了虫咬石击，以致千疮百孔，可是它并没有凋零。

"它之所以享尽天年，完全是因为对阳光、泥土、雨露充满了热爱，对自己的

224

生命充满了热爱，相比之下，那些打击又算得了什么呢？"

老人最后把叶子放在年轻人的手里，他说："这答案交给你啦，这是一部历史，更是一部哲学啊。"

如今，年轻人仍完好无损地保存着这片树叶。每当年轻人在人生中突遭打击的时候，总能从它那里汲取足够的冷静和力量，不论在怎样的艰难之中，总能保持一种乐观向上的精神。

不要让苦难支配你的生活，要微笑着面对苦难。对生命热爱的人，会把苦难看作是一种磨砺，在与苦难抗争的同时，人性的光彩愈加鲜明。